Janeth Mosquera
Abel Muñoz

Conceção de diferentes misturas intra-específicas em genótipos de milho

Janeth Mosquera
Abel Muñoz

Conceção de diferentes misturas intra-específicas em genótipos de milho

Redução dos danos causados por pragas e doenças foliares

ScienciaScripts

Imprint

Cover image: www.ingimage.com

This book is a translation from the original published under ISBN 978-613-9-40871-9.

Publisher:
Sciencia Scripts
is a trademark of
Dodo Books Indian Ocean Ltd. and OmniScriptum S.R.L publishing group

120 High Road, East Finchley, London, N2 9ED, United Kingdom
Str. Armeneasca 28/1, office 1, Chisinau MD-2012, Republic of Moldova, Europe
Managing Directors: Ieva Konstantinova, Victoria Ursu
info@omniscriptum.com

Printed at: see last page
ISBN: 978-620-8-51929-2

TÓPICO:

CONCEPÇÃO DE DIFERENTES MISTURAS INTRA-ESPECÍFICAS EM GENÓTIPOS DE MILHO PARA REDUZIR OS DANOS CAUSADOS POR PRAGAS E DOENÇAS FOLIARES.

PUYO - EQUADOR 2024

RESUMO

O milho é uma das culturas mais afectadas por uma variedade de doenças e pragas foliares, pelo que é necessário conhecer os métodos de controlo. Atualmente, novos métodos agroecológicos têm sido propostos para proteger a planta de doenças e pragas, um dos quais é o uso de aspectos genéticos. Assim, através deste trabalho de pesquisa, o objetivo do estudo foi avaliar o efeito de misturas intraespecíficas de genótipos em milho para reduzir o ataque de pragas e doenças foliares da planta. Nesta pesquisa foram avaliadas as seguintes variáveis: altura da planta, altura de inserção da espiga, peso de 100 sementes, comprimento da espiga, peso do grão por espiga, relação grão/espiga e produtividade. Foi utilizado um delineamento em blocos completos casualizados aplicado a dez tratamentos com três repetições e o teste de Tukey foi utilizado para comparar as médias. Como resultado, determinou-se uma reação positiva e eficaz das misturas de genótipos, devido à redução do nível de ataque das doenças foliares e do nível de danos e da severidade do crisomelídeo. Os resultados obtidos permitem-nos concluir que a utilização de misturas intra-específicas é eficaz e que estas devem ser implementadas na cultura do milho para melhorar a produtividade e gerar lucros para os produtores.

Palavras chave: Manejo agroecológico, severidade, rendimento.

I. INTRODUÇÃO

A cultura do milho é de grande importância económica a nível mundial, uma vez que é utilizada como fonte de alimento para as pessoas, mas também para os animais ou para a produção de produtos industriais. A produção mundial de milho entre 2017 e 2018 foi superior a 2034,45 toneladas com um rendimento de 6,75 toneladas por hectare (CIMMYT, 2019).Em muitos países, como o Brasil, Argentina, Estados Unidos, Equador, etc., o milho é uma cultura que tem sido cultivada em muitos países. Assim como as empresas dedicadas a oferecer sementes desta cultura, e os agricultores que cultivam milho tentam contribuir para a conservação e geração de diversidade genética. Por um lado, mantêm as variedades tradicionais locais e, por outro, selecionam intencionalmente as sementes mais favoráveis pelas suas diversas caraterísticas, através das variantes que têm apresentado as seguintes caraterísticas: seleção natural, mutação, recombinação, introdução e isolamento e, assim, chegam a formar novas raças (Casafe, 2017).A pesquisa mostrou que as sementes crioulas misturadas com sementes comerciais têm caraterísticas muito especiais, como resistência à seca, geada e doenças. Assim, o uso desse tipo de variedades tornou-se uma boa alternativa aumentar a diversidade genética devido ao fato de que nessas misturas há muita plasticidade e uma grande adaptação a diferentes ambientes (Quintana, 2019).Com base em todas as informações acima, o efeito de misturas intra-específicas em genótipos de milho para a redução do ataque de pragas e doenças foliares foi avaliado neste trabalho de investigação, a fim de determinar a incidência de doenças foliares (Curvularia lunata, Spiroplasma kunkellii, Puccinia sorghi e Helminthosporium spp) em diferentes misturas intra-específicas de genótipos de milho, Spiroplasma kunkellii, Puccinia sorghi e Helminthosporium spp) em diferentes misturas intra-específicas de milho, bem como a severidade dos danos causados pelo bicho-mineiro (Spodoptera frugiperda) nos diferentes tratamentos aplicados.

1.1. Problema

O problema das pragas, como a lagarta-do-cartucho (Spodoptera frugiperda) e as doenças foliares (lunata, kunkellii, sorghi e Helminthosporium spp.), afecta consideravelmente a cultura do milho; a utilização de pacotes tecnológicos que incluem fertilizantes químicos e pesticidas tem sido gradualmente introduzida em todas as regiões onde se produz milho, transformando assim os sistemas tradicionais de produção agrícola em sistemas dependentes de factores de produção químicos, principalmente pesticidas. Está cientificamente provado que a sua utilização prejudica gravemente o ambiente e a saúde pública, não só enfraquecendo a qualidade e a fertilidade dos solos e a sua produção, mas também provocando efeitos nefastos a longo prazo na saúde das pessoas que efectuam o trabalho e a gestão desta cultura. É necessário identificar soluções agroecológicas para reduzir o uso de pesticidas através de técnicas ou métodos que melhorem a produtividade, juntamente com os correspondentes cuidados e gestão fitossanitária.

1.2. Hipótese

As misturas intra-específicas de milho reduzirão a utilização de pesticidas, evitando assim o ataque de pragas e doenças foliares.

1.3. Objectivos

I.3.1. Objetivo geral

Avaliar o efeito de misturas intra-específicas de genótipos de milho na redução do ataque de pragas e doenças foliares.

1.3.2. Objectivos específicos

- Determinar a incidência de doenças foliares (Curvularia lunata, Spiroplasma kunkellii, Puccinia sorghi e Helminthosporium spp.) em diferentes misturas intra-específicas de milho.

- Determinar a severidade dos danos causados pela traça-das-crucíferas (Spodoptera frugiperda) em diferentes misturas intra-específicas de milho.
- Propor alternativas de manejo integrado de pragas e doenças do milho através do uso de misturas de cultivares com diferentes níveis de resistência.

II. QUADRO TEÓRICO

2.1. Base concetual

2.1.1. Agroecologia

A agroecologia é "uma nova agricultura que se baseia em princípios agroecológicos nos sistemas intermediários de produção agrícola por meio de componentes com alta biodiversidade entre plantas e organismos que cumprem um papel ecológico e, assim, reduzem os insumos externos (Altieri e Nicholls, 2014).

2.1.2. Culturas

A prática de semear sementes no solo e efetuar a lavoura e a gestão do campo para obter a produção de sementes (Duke, 2016).

O cultivo é qualquer ação levada a cabo por uma pessoa com o objetivo de melhorar, tratar e transformar a terra para que as sementeiras através das sementes plantadas cresçam (Yánez et al., 2018).

2.1.3. Parcelas

Uma parcela de terreno refere-se a um pedaço de terreno que faz parte de uma área maior, que pode ser utilizado de diferentes formas e para diferentes fins (Barg e Armand, 2017).

2.1.4. Caraterísticas edafoclimáticas

As caraterísticas edafoclimáticas estão relacionadas com o solo e o clima para determinar o grau de aptidão para o plantio. Leva em consideração variáveis como altitude, texturas do solo, localização geográfica, caraterísticas físicas, químicas e biológicas do solo, etc., que são utilizadas para determinar as áreas destinadas à conservação e proteção (Polania et al., 2017).

2.1.5. Semeadura

Compreende a ação e o efeito de semear, ou seja, lançar e espalhar as sementes em terrenos preparados. Também se refere ao momento da sementeira e à terra que é semeada (González, 2016). É uma atividade agrícola que consiste em colocar uma semente num solo preparado para o efeito e, a longo prazo, germinam e surgem novas plantas (Gómez e Minelli, 2017).

2.1.6. Desempenho agronómico

É a resposta fenotípica a um estímulo, que pode ser rápida e geralmente também tem a possibilidade de ser reversível (Caicedo, 2017). É o número de expressões que as plantas apresentam em resposta a diferentes estímulos ambientais e entre indivíduos da mesma espécie (Arregui e Puricelli, 2018).

2.1.7. Fertilização

É o processo pelo qual várias substâncias, naturais ou químicas, são adicionadas à planta para a tornar mais fértil, útil e produtiva (Naranjo, 2017).

2.1.8. Controlo de ervas daninhas

"Evita que espécies vegetais cresçam e roubem nutrientes da planta, e isso é conseguido através de cuidados como a monda e a aplicação de substâncias que as erradicam completamente" (Duke, 2016). Permitem "através de métodos específicos, como a monda, prevenir o aparecimento ou infestação de culturas, evitando ao máximo a utilização de produtos químicos e evitando causar danos ao ambiente e às pessoas" (Guerrero, et al., 2017).

2.1.9. Controlo fitossanitário

Este controlo evita, previne ou reduz as perdas económicas que podem ser geradas pelas pragas presentes na cultura, através da utilização das medidas mais adequadas e apropriadas em todos os momentos durante o crescimento da cultura (PAN International, 2016).

2.1.10. Controlo de pragas e doenças

É "conhecido como Manejo Integrado de Pragas e Doenças, busca através de diferentes métodos de controle, uma abordagem que procura reunir condições específicas da cultura em que se deseja eliminar totalmente as pragas e doenças das plantas cultivadas" (Devine et al., 2018).

Permite manter as culturas em bom estado, de modo a que os danos causados por pragas e doenças sejam inferiores ao nível economicamente aceitável. Reduz o risco para a saúde humana, o ambiente e o custo de produção para quem cultiva (Alavanja, 2019).

2.1.11. Genótipos

Um genótipo, em termos de agricultura, é um conjunto de genes de uma planta. Por sua vez, pode referir-se aos dois alelos herdados de um determinado gene (CIMMYT, 2019).

É a informação genética que a planta possui sob a forma de ADN, que inclui numerosas variações dos seus genes (Ortega, 2017).

2.1.12. Misturas intra-específicas

"A mistura intra-específica compreende a interação biológica entre dois ou mais indivíduos da mesma espécie cujo objetivo é interagir e obter benefícios entre eles" (Poehlman e Sleper, 2015). "são realizadas por dois indivíduos que estão relacionados entre si por pertencerem à mesma espécie e são estabelecidas para fins de reprodução, alimentação e proteção contra pragas e doenças". (Louette e Smale, 2016).

2.1.13. Pragas

Qualquer animal, planta ou microrganismo que afecte negativamente a produção agrícola (Arregui e Puricelli, 2018).

2.1.14.Spodoptera frugiperda Smith (traça do bacalhau)

É um verme que se alimenta do broto das plantas, é o principal agente que causa danos severos ao tecido foliar das plantas na fase de crescimento, reduzindo a área foliar e afetando negativamente a taxa fotossintética (Arévalo e Mejía, 2018).

2.1.15.Doenças foliares

São "doenças que formam muitas lesões nas folhas e caules das plantas, causando colapso maciço dos tecidos e, consequentemente, desequilíbrio nutricional da planta" (González, 2016). "Doenças que atuam reduzindo a área foliar verde, bem como a atividade e a duração da planta, resultando na diminuição da taxa de crescimento da planta ou limitando a disponibilidade de folhas durante o processo de maturação da planta" (Tielemans, et al., 2017).

2.1.16.Tratamentos

os tratamentos são um conjunto específico de condições a impor às unidades experimentais de uma experiência (Yánez, et al., 2018). compreende o conjunto de acções que são aplicadas às unidades experimentais selecionadas e que são comparadas entre si (Bernardino et al., 2019).

2.1.17.Teste de Tukey

"permite testar todas as diferenças encontradas nos tratamentos utilizados para testar as hipóteses, sendo necessário que o número de réplicas seja constante em todos os tratamentos" (Kundu, et al., 2017). É um método que visa comparar as médias individuais de uma análise de variância de diferentes amostras que foram submetidas a diferentes tratamentos (Aguirre et al., 2019).

2.1.18.Desvio

É uma medida de dispersão de uma variável aleatória, muito utilizada na área da estatística em que seu valor é expresso por um número, ou seja, a variabilidade dessa dispersão calculada (Kundu et al., 2017).

2.1.19.Conceção de blocos completos.

Isto compara três fontes de variabilidade: o fator tratamento, o fator bloco e o erro aleatório. No geral, refere-se ao facto de que em cada bloco há aleatoriedade e todos os tratamentos são testados (Kundu, et al., 2017). "É utilizado na investigação quando existe uma fonte de variabilidade ou quando existe um fator que afecta positiva ou negativamente a aplicação dos tratamentos. Isto requer que o material seja homogéneo e que a distribuição seja completamente aleatória e que haja um número igual de unidades experimentais em cada bloco" (Yánez et al., 2018).

2.1.20.Erro experimental

É um desvio do valor medido de uma quantidade física em relação ao valor real dessa quantidade (Yánez et al., 2018).

2.1.21.Escala Davis

"É uma ferramenta muito útil para a tomada de decisões, uma vez que pode ser utilizada para compreender os efeitos ou danos causados por uma praga numa cultura ou planta específica" (Goodman e Rawling, 2018).

2.2.Base teórica

2.2.1. Milho

O milho é cultivado em todas as regiões do mundo onde as condições do solo são adequadas para actividades agrícolas e em todos os meses do ano. Também cresce desde 58° de latitude norte no Canadá e na Rússia até 40° de latitude sul no hemisfério sul (Yánez et al., 2018). É cultivada em regiões abaixo do nível do mar e em altitudes superiores a 4.000 metros nos Andes peruanos. Mas apesar da grande diversidade das suas formas, parece que todos os principais tipos de milho conhecidos atualmente, classificados como Zea mays, já eram cultivados pelas populações nativas quando as Américas foram descobertas. Seja como for, a maioria das variedades modernas de milho deriva de material obtido no sul dos Estados Unidos, no México, na América Central e na América do Sul (Yánez et al., 2018).

2.2.2. Taxonomia do milho

A taxonomia do milho é a seguinte: (CIMMYT, 2019).

Reino: Planta

Divisão: Tracheophita

Subdivisão: Pterapsidae

Classe: Angiospermas

Subclasse: Monocotiledóneas

Ordem: Gumiflorales-Graminales

Família: Poaceae

Subfamília: Panicoideae

Tribo: Maidaea

Género: Zea

Espécie: Zea mays

Nome comum: Milho

2.2.3. Descrição botânica do milho

De acordo com Louette e Smale (2016), o milho tem a seguinte descrição botânica:

- **As raízes:** São fasciculadas e fornecem uma ancoragem perfeita para a planta. Nalguns casos, alguns nós sobressaem das raízes ao nível do solo, o que ocorre geralmente nas raízes secundárias ou adventícias.
- **Caule:** É simples, reto, em forma de cana e sólido no interior, com um comprimento de até 4 metros de altura, robusto e sem ramos.

• **Folhas:** Longas, lanceoladas, alternas, paralelinervadas e grandes. Abraçam o caule e são peludas na face superior.

• **Inflorescência:** Existem inflorescências masculinas e femininas separadas na mesma planta. A inflorescência masculina é uma panícula amarela, enquanto a inflorescência feminina, quando fertilizada por grãos de pólen e conhecida como espiga, tem as sementes agrupadas ao longo de um eixo e é coberta por camadas de folhas verdes.

• **Amêndoa:** O invólucro da semente (fruto) chama-se pericarpo, é duro, por baixo está a camada de aleurona que dá cor à amêndoa, tem proteínas e no seu interior está o endosperma com 85-90% do peso da amêndoa. O embrião é formado pela radícula e pela plúmula.

2.2.4. Estádios fenológicos do milho

O milho é dividido em duas fases: Estágio vegetativo e estágio reprodutivo, mostrados na Figura 1 (Caicedo, 2017).

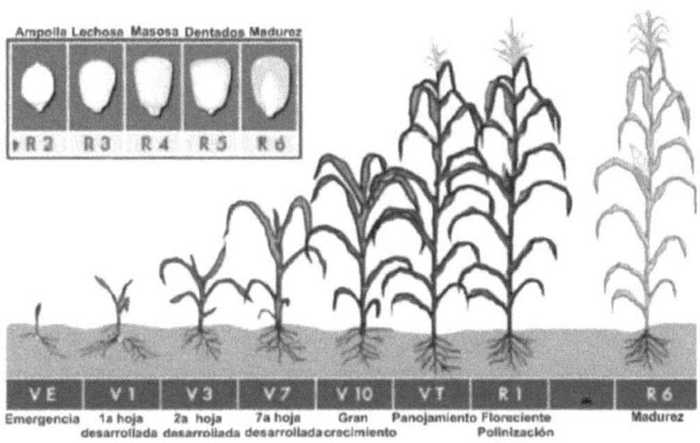

Figura 1. Estádios fenológicos da fase vegetativa e reprodutiva do milho.
Fonte: (Caicedo, 2017). Manejo da cultura do milho.

2.2.5. Estádio fenológico vegetativo do milho

Esta fase inicia-se na sementeira e prolonga-se até pouco tempo antes do aparecimento das estruturas reprodutivas, ou seja, quando a espiga começa a mostrar. de milho (flor masculina). Durante a fase de plântula, qualquer dano na folhagem ou nas raízes é crítico e põe em risco a sobrevivência da plântula (Aguirre et al., 2019).

Na fase vegetativa, a maior parte da energia é direcionada para a formação da folhagem; por conseguinte, a planta tem uma certa tolerância à perda de folhagem devido ao ataque de pragas.

De acordo com Goodman e Rawling (2018), este estado tem várias sub-etapas, como se mostra a seguir:

- **Fase VE (germinação e emergência):** surge quando o coleóptilo brota da superfície. As plantas de milho podem emergir dentro de 5-7 dias após a plantação, quando as condições de temperatura e humidade são ideais. Em condições de frio e humidade, ou mesmo em condições muito secas, podem demorar mais de duas semanas a emergir.
- **Estágio VC - Primeira folha:** Uma folha com lígula visível (estrutura na base da lâmina). A ponta da primeira folha do milho é arredondada. A partir desta altura até à floração (R1), os estádios vegetativos são definidos pela folha com lígula visível localizada no topo da planta. O ponto de crescimento situa-se abaixo da superfície até à última parte do estádio V5 (cinco folhas).
- **Estágio V2 - Segunda folha -** As raízes nodais começam a emergir abaixo do solo. As raízes seminais começam a senescer. A probabilidade de as plântulas sofrerem danos por geada é baixa, exceto em condições de frio extremo.
- **Fase V3 (três folhas verdadeiras):** Em V3, o ponto de crescimento ainda está abaixo da superfície. O caule não se alongou muito. Os pêlos radiculares crescem a partir das raízes nodais quando as raízes seminais param de crescer. Todos os rebentos de folhas e espigas que a planta produzirá são formados de V3 a V5. Uma pequena espiga é formada no final do ponto de diminuição. A altura da parte aérea da planta é de cerca de 20 cm.
- **Estádio V6 (seis folhas verdadeiras):** O ponto de crescimento e a espiga elevam-se acima da superfície do solo perto do estádio V6. O caule começa a alongar-se. O sistema radicular nodal cresce a partir dos 3 ou 4 nós mais baixos do caule. São visíveis alguns rebentos de espiguetas ou perfilhos. O desenvolvimento dos perfilhos depende da variedade, da densidade de plantação, da fertilidade e de outras condições.
- **Estágio V9 (nove folhas verdadeiras)**: A dissecação de uma planta nesta fase mostra vários botões de espiga (espigas potenciais). Estes desenvolvem-se em

todos os nós da parte aérea, exceto nos últimos 6 a 8 nós abaixo da espiga. Os rebentos inferiores da espiga crescem rapidamente no início, mas apenas um ou dois dos rebentos superiores desenvolvem uma espiga que pode ser colhida. A espiga começa a desenvolver-se rapidamente. Os caules alongam-se à medida que os entrenós crescem. Para o V10, o tempo entre as fases de folhas novas é reduzido para cerca de dois a três dias.

Por volta de V10, começa um rápido aumento de nutrientes e acumulação de matéria seca. Isto continua durante as fases reprodutivas. As necessidades de água e de nutrientes do solo são muito elevadas. Isto é para satisfazer o aumento da procura devido à elevada taxa de crescimento.

- **Estágio V10 (dez folhas verdadeiras):** a planta inicia um rápido aumento na acumulação de matéria seca que continuará até ao estágio reprodutivo avançado. São necessárias quantidades elevadas de nutrientes e de água no solo para satisfazer a procura.
- **Estágio V12 (doze folhas verdadeiras):** Embora as espigas potenciais sejam formadas imediatamente antes da formação da panícula (V5), o número de fileiras em cada espiga e o tamanho da espiga são estabelecidos em V12. No entanto, a determinação do número de óvulos (grãos potenciais) não estará concluída até uma semana antes da emergência das barbas ou perto de V17.
- **Fase VT (Reprodução)**: Esta fase começa cerca de 2-3 dias antes da emergência da barba, altura em que a planta de milho atinge a sua altura final e começa a libertação de pólen. O tempo entre VT e R1 pode variar consideravelmente consoante a cultivar e as condições ambientais.

Durante o crescimento vegetativo, pragas como tripes (Frankiniella williamsi), larvas de diabrotica (Diabrotica virgifera zeae), traça-da-espiga (Spodoptera frugiperda), lagarta-do-cartucho (Spodoptera exigua), lagarta-da-espiga (Agrotis sp.), lagarta-da-espiga (Agriotes sp.), galinha-cega (Phyllophaga sp., Cyclocephala sp., Diplotaxis sp, Anomala sp. e Macrodactylus sp.), gorgulho (Geraeus senilis), cigarrinha (Sphenarium sp., Diplotaxis sp., Anomala sp., e Macrodactylus sp, Cyclocephala sp., Diplotaxis sp, Anomala sp. e Macrodactylus sp.), gorgulho (Geraeus senilis), cigarrinha (Sphenarium purpurascens) e ácaro-aranha (Oligonychus mexicanus e Tetranychus sp.), conforme mostrado na Figura 2 (Aguirre et al., 2019).

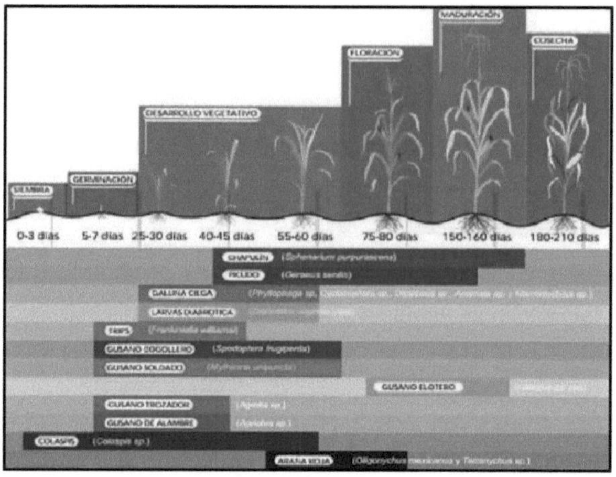

Figura 2. Incidência das principais pragas em relação ao desenvolvimento fenológico da cultura do milho.

2.2.6. Estádio fenológico reprodutivo do milho

O estádio fenológico do milho inicia-se quando a espiga do milho é visível e termina quando a cultura atinge a maturidade fisiológica (camada preta no ponto onde o grão está inserido com o milho). Durante esta fase, estão presentes pragas como o gorgulho, a cigarrinha, o ácaro vermelho e a lagarta da espiga do milho (Helicoverpa zea) (Bernardino et al., 2019).A incidência de pragas durante o crescimento vegetativo reflete-se na fase reprodutiva do milho, causando grandes perdas no potencial produtivo, devido à redução no fornecimento de fotossintatos para o crescimento dos grãos. O ataque da lagarta do milho aos grãos de milho pode levar à infeção pelo fungo Aspergillus flavus, responsável pela produção de aflatoxinas, substâncias altamente cancerígenas para o ser humano (Bernardino et al., 2019).

2.2.7. Exigências edafoclimáticas do milho

A planta do milho pode desenvolver-se em regiões com módulos de precipitação de 450-900 mm, bem distribuídos ao longo da estação de crescimento. No entanto, mesmo esta quantidade não é suficiente se a humidade não puder ser armazenada no solo, devido à pouca profundidade do solo ou ao escoamento superficial, ou se a evaporação for elevada devido às altas temperaturas e à baixa humidade relativa

(Brush, 2018).

Quadro 1. Requisitos edafoclimáticos para a cultura do milho

Adaptar.	Temp. °C	Precp. mm/ciclo	Texto.	Profundidade (cm)	(%)	PH
Óptima	19-24	700-850	Franco	+60	-15	Neutro
Bom	15-19 24-28	500-700	850-1000	Franco arenoso	40-60 15-30	Ácido
Marginal	+28	-500 y +1000	Franco ou argila assim	----------	30 ou mais	Alginato ácido/alc

Fonte: (Brush, 2018).

2.2.8. Fisiologia do milho

À medida que mais folhas são expostas à luz solar, a taxa de acumulação de matéria seca aumenta gradualmente; em condições favoráveis, as partes aéreas das plantas continuarão a um ritmo diário constante até atingirem a maturidade. Os rendimentos mais elevados são obtidos quando as condições ambientais são favoráveis em todas as fases de crescimento. As condições desfavoráveis nas fases iniciais limitarão o tamanho das folhas (motor fotossintético) (Brush, 2018). Nas fases posteriores, as condições desfavoráveis afectam o crescimento normal do milho, reduzindo o número de estilos e resultando numa polinização deficiente dos óvulos, o que reduz o número de grãos por espiga (Brush, 2018). O período total de crescimento da planta pode ser dividido em dois períodos: da emergência ao aparecimento das barbas e deste à maturidade fisiológica, sendo o primeiro período aquele que pode ser mais afetado por fatores como a temperatura e a humidade. A demanda da planta por água e nutrientes está diretamente relacionada com o aumento da matéria seca e diminui nos estágios seguintes à formação dos grãos (Brush, 2018). O conhecimento dos diferentes períodos de crescimento e desenvolvimento da planta é importante para um manejo agronômico adequado, que são divididos nos seguintes períodos:

- Germinação e estabelecimento de plântulas.
- Desenvolvimento vegetativo.

- Diferenciação da panícula e da espiga.
- Floração.
- Desenvolvimento e maturação do grão (Caicedo, 2017),

2.2.9. Trabalho cultural

2.2.9.1. Preparação do solo

O preparo do solo na cultura do milho depende do sistema de produção de cada região. O principal objetivo da mobilização do solo é favorecer os processos naturais que criam as condições mais favoráveis no solo para a germinação das sementes e o crescimento das plantas (Maffei e Bueno, 2018). A passagem da grade depende do tipo de solo. Em solos de textura franca, o mais aconselhável é uma passada e em solos argilosos, podem ser feitas duas ou três passadas (dadas as caraterísticas dos seus agregados). Do ponto de vista da conservação, os solos devem ser arados ao mínimo, sem perder o objetivo da cultura (Maffei e Bueno, 2018).

2.2.9.2. Semeadura

A época de sementeira da cultura do milho depende da pluviosidade da zona ou região. Na costa do Pacífico, as épocas de sementeira são conhecidas como a primeira e a última, pois são as condições ecológicas mais favoráveis para a produção. Especialmente no que respeita à menor incidência de requeima, uma doença muito comum no Pacífico. Durante a sementeira, são efectuados dois parâmetros:

- **Seleção de sementes:** O uso de sementes de variedades crioulas traz como consequência, na maioria dos casos, baixos rendimentos, portanto, é necessário promover o uso de variedades melhoradas, a fim de alcançar altos rendimentos, o que requer o conhecimento das suas caraterísticas agronómicas para a sua recomendação adequada. Isto significa tomar a região como critério principal, uma vez que existem diferentes variedades de milho melhorado no país que apresentam comportamentos diversos, especialmente em relação ao período vegetativo.
- **Densidade populacional:** O encabeçamento é condicionado pela humidade

disponível na área ou região, pela fertilidade natural ou induzida do solo, pela variedade, bem como pela utilização na produção (Maffei e Bueno, 2018).

2.2.9.3. Controlo de ervas daninhas

Experiências de campo têm mostrado que as perdas causadas por plantas daninhas são de igual ou maior magnitude do que as causadas por insetos e doenças; portanto, o controle de plantas daninhas deve ser sistemático e integrado: controle cultural, controle químico, controle mecânico (Maffei e Bueno, 2018).

2.2.9.4. Fertilização

Compreende, de acordo com Maffei e Bueno (2018), duas fases, conforme apresentado a seguir:

- **Fertilização de base:** Na altura da plantação, fertilizar com uma fórmula completa, por exemplo, 12-30-10 a 2 qq/Mz; ou 16-36-00-2S, a 2 qq/Mz; podem ser utilizadas fórmulas completas sem K, porque os solos do Pacífico são ricos neste nutriente.
- **Adubação complementar:** Deve-se fornecer o N necessário para a planta e para o enchimento do grão, o que pode ser feito numa única aplicação de 3 qq/Mz de Ureia a 46% de N após 30 dias. No entanto, o ideal seria aplicar a Ureia fraccionada, 150 Lbs/Mz aos 20 dias e 150 Lbs/Mz aos 40 dias.

2.2.10. Biodiversidade intra-específica

Do ponto de vista genético do reino vegetal, a biodiversidade intraespecífica refere-se à diversidade dentro da mesma espécie ou à diversidade de genes dentro de uma espécie. Por exemplo, as bananas barraganete e orito pertencem ao género Musa (Caballero et al., 2019). A biodiversidade intraespecífica é a variação de genes e genótipos entre e dentro das espécies. É considerada a soma das informações A diversidade genética contida nos genes de plantas, animais e microrganismos que habitam a Terra. A diversidade dentro de uma espécie permite-lhe adaptar-se às mudanças no ambiente, no clima, nos métodos agrícolas utilizados ou às pragas e doenças que a podem afetar (Gómez e Minelli, 2017).Rendón e Aragón (2017) referem-se a ela como a variação hereditária dentro e entre populações de uma determinada espécie ou grupo de espécies. A diversidade genética que as espécies possuem permite-lhes responder e adaptar-se ou não às caraterísticas ou alterações do seu ambiente. A biodiversidade intra-específica contribui para a capacidade das comunidades ecológicas de resistirem ou recuperarem de perturbações ou alterações ambientais, incluindo mudanças climáticas relativamente longas. A variação genética nas espécies é a base fundamental da evolução, a adaptação das populações selvagens às condições ambientais locais, o desenvolvimento de espécies animais e variedades de espécies cultivadas produziram benefícios diretos significativos (Rendón e Aragón, 2017).

2.2.11. Importância da biodiversidade intra-específica

É importante porque gera uma análise integral dos seres humanos, uma vez que eles fazem parte da biodiversidade e a sociedade humana transformou, transforma e transformará a natureza. As mudanças que os humanos fazem na natureza têm a ver com atitudes individuais e colectivas (Rimache, 2018). A agroecologia está agora a incorporar a biodiversidade intraespecífica, a sua gestão e conservação na explicação da estrutura e função dos ecossistemas, para que os seres humanos possam incorporar e regressar a esta nova ideia da sua pertença à natureza (Rimache, 2018).A importância da biodiversidade intraespecífica reside no passado, no presente e no futuro. Porque foi aí que começámos há cerca de 4 mil milhões de anos; no presente, porque é nela que nos concentramos hoje para obter uma cultura e uma produção de qualidade; e no futuro, porque é compromisso de todos e de cada um dos seres humanos conhecer, proteger e conservar a diversidade para obter uma boa produção (Rimache, 2018).

2.2.12.Perda de biodiversidade intra-específica

As causas da perda de biodiversidade são atribuídas a falhas do mercado local e global. Estas causas foram provocadas por uma má distribuição dos benefícios económicos da investigação biotecnológica. Na maioria dos casos, os únicos beneficiários da biodiversidade intraespecífica são aqueles que investiram na investigação, porque os pequenos produtores ou as pessoas que detêm a biodiversidade desconhecem o potencial escondido na riqueza biológica (Navarrete, 2017).Enquanto souberem fazer uso da biodiversidade, esta será conservada, mas à medida que se perde o conhecimento ancestral e não se encontra uso para as principais propriedades de cada planta, gera-se erosão genética. O facto de possuir a tecnologia significa uma vantagem sobre aqueles que utilizam a biodiversidade, ainda mais se a tecnologia necessária para a melhoria das sementes, como a agrobiodiversidade, não estiver disponível (Navarrete, 2017). Os relatórios indicam agora que a Política Agrícola Comum (ou PAC) não tem sido eficaz para travar o declínio observado na perda de biodiversidade intraespecífica. Segundo esses relatórios, o número e a variedade de espécies vegetais nas terras agrícolas têm vindo a diminuir há décadas (Poehlman e Sleper, 2015). O declínio é particularmente notório no número de variedades intraespecíficas existentes atualmente, que é um bom indicador de perda, tendo diminuído mais de 30 % em relação aos valores de 1990. A perda de diversidade vegetal agrícola é mais difícil de avaliar, embora as monoculturas intensivas constituam uma perda importante para a biodiversidade agrícola (Poehlman e Sleper, 2015).

2.2.13.Concorrência intra-específica

A competição intraespecífica geralmente leva a uma redução no crescimento e desenvolvimento dos indivíduos devido a mudanças nas quantidades de recursos em reserva (Sánchez e Ruiz, 2016). A densidade de indivíduos no espaço modifica a disponibilidade do recurso de luz, e à medida que os indivíduos se aproximam, as interações tornam-se mais negativas.De acordo com a competição intraespecífica (Salazar e Aldana, 2018) mencionam que é quando os concorrentes são da mesma espécie. Para além disso, o efeito a jusante é uma redução na contribuição dos indivíduos para a geração seguinte, o recurso em competição é limitante, os efeitos são recíprocos e densamente dependentes.

2.2.14.Misturas intra-específicas de milho

A variação genética do milho está diretamente associada a nichos ecológicos onde prevalecem condições ambientais específicas. Nos sistemas agrícolas tradicionais, particularmente em condições de sequeiro, o principal contributo genético é fornecido por populações crioulas adaptadas ou populações com uma base genética alargada (Ortega, 2017)

Tradicionalmente, a conservação destes materiais é feita através de estratégias de conservação ex situ, no entanto, a gestão das populações pelos agricultores tem sido reconhecida como uma estratégia importante para conservar e explorar a sua variação genética (Ortega, 2017).

O ideótipo é a programação ou um projeto sobre as caraterísticas mais favoráveis que uma planta ou variedade deve conter, de acordo com as condições ecológicas de uma região e seu manejo agronômico (estação, número de irrigações, fertilização, herbicidas) e, em geral, quais práticas de cultivo serão usadas para que o genótipo seja ótimo e, assim, o fenótipo da variedade que será formada com a metodologia de melhoramento se manifesta, que será então usado de acordo com o ideótipo projetado (Ortega, 2017). A diversidade de uma espécie é constituída por todas as variações genéticas, produto da diferença entre espécies, que podem ser mais ou menos diversas (Gómez e Minelli, 2017).

A variabilidade genética aplica-se às caraterísticas de uma população e, se não houver variação genética para essa caraterística, o traço não pode ser modificado pela seleção. Se uma mudança no ambiente ou nas condições de vida afetar essa caraterística, esta pode desaparecer (Gomez e Minelli, 2017).

O mesmo autor refere que a variabilidade genética é causada por mutações, que são produzidas por uma alteração num nucleótido no sector da cadeia de ADN que codifica um gene. Geralmente, os indivíduos de uma espécie diferem entre si em muitas caraterísticas, e essas diferenças têm causas genéticas e ambientais (Gómez e Minelli, 2017). É por isso que é importante mencionar a variância genética (Vg), porque é um componente da diversidade genética. As diferenças nas frequências alélicas de um gene que governa uma caraterística podem criar uma variabilidade fenotípica considerável, como em caraterísticas morfológicas como a cor e a forma dos frutos (Gomez e Minelli, 2017).

O Equador é um dos países com maior diversidade genética de milho por unidade de superfície, e a sua preservação representará o recurso natural renovável mais importante para a sobrevivência, sustentabilidade rural e segurança alimentar das gerações futuras.

Até 2018, foram registadas 760 entradas ou colecções no banco de germoplasma do Departamento Nacional de Recursos Filogenéticos e Biotecnologia (DENAREF) do INIAP, correspondendo a materiais das raças consideradas de altitude (>2 200 msnm) (INIAP, 2008). Estas colecções estão classificadas em 29 variedades, das quais 18 são cultivadas na Serra, caracterizadas por serem farinhentas e semiduras e distribuídas de acordo com as preferências dos agricultores e consumidores (Caicedo, 2017). A diversidade genética não é possível estimar uma espécie em termos estatísticos ou quantitativos, porque classifica a espécie em categorias intraespecíficas, como raças ou ecotipos; a diversidade genética relativa de uma espécie numa região é dada em termos do número de categorias intraespecíficas. Geralmente, as categorias intra-específicas de raça, ecótipo, morfotipo e variedade são utilizadas para classificar a diversidade das espécies de polinização cruzada, selvagens, agâmicas e autopolinizadas, respetivamente. Por este motivo, cada uma destas terminologias é definida de seguida (Caicedo, 2017).

2.2.15.Corrida

Uma raça é um agregado de populações de uma espécie que têm em comum caracteres morfológicos e fisiológicos e usos específicos. No entanto, as suas caraterísticas distintivas não são suficientemente diferentes para constituir uma subespécie distinta (Rendón e Aragón, 2017). No reino vegetal, a classificação racial deve ser aplicada apenas às espécies cultivadas. As raças estão intimamente relacionadas com as culturas. Por exemplo, as raças de milho fazem parte do património cultural dos povos, tal como os seus costumes, música, língua e muitas outras manifestações culturais (Rendón e Aragón, 2017). Embora o milho seja uma espécie alógama e, por conseguinte, exista uma grande polinização cruzada entre raças, que produz muitos híbridos inter-raciais, as raças podem ser individualizadas e identificadas universalmente. Qualquer pessoa pode reconhecer, com um mínimo de formação e experiência, a raça Tuxpeño do México, a Olotón da Guatemala, a Montaña da Colômbia, a Chillos do Equador, a Cusco do Peru, a Kcello da Bolívia, a Cristalino do Chile, a Calchaqui da Argentina, a Avatí Morotí do Paraguai, etc. (Rendón e Aragón, 2017).

2.2.16.Ecótipo

É o produto da adaptação de uma espécie a um determinado ambiente. Ecótipo não é sinónimo de raça. O que define o ecótipo é, antes de mais, a sua zona de adaptação. Tanto as raças como os ecótipos são inter-férteis. Os ecótipos são ocasionalmente isolados por barreiras geográficas e são então designados por geoecótipos (Rendón e Aragón, 2017). O termo ecótipo deve ser utilizado apenas para espécies selvagens. Os cientistas que recolhem populações selvagens, principalmente das florestas, utilizam o termo "proveniência" para indicar a origem da amostra recolhida. Uma proveniência não é necessariamente um ecótipo; várias proveniências diferentes, mesmo muito distantes umas das outras, podem corresponder ao mesmo ecótipo (Rendón e Aragón, 2017).

Para distinguir os ecótipos, é necessário semear todas as proveniências num só local ou em vários locais dentro da área de adaptação de uma espécie. Várias proveniências são agrupadas no mesmo ecótipo se apresentarem caracteres morfológicos e reacções fisiológicas semelhantes (Rendón e Aragón, 2017).

2.2.17. Variedades

Será utilizado o termo variedade para designar a diversidade das espécies cultivadas autopolinizadas, embora se saiba que, desde 1961, data da publicação do Código de Nomenclatura das Plantas Cultivadas, o termo "cultivar" foi adotado em substituição de "variedade", porque este último é, segundo o código, muito impreciso. O nome variedade é reservado no código para certas categorias intra-específicas de populações naturais selvagens. No entanto, a divisão de toda a diversidade de uma espécie em cultivares não faz sentido; muito provavelmente, todas as cultivares de uma espécie cultivada provêm de um sector muito limitado da diversidade (Rendón e Aragón, 2017).

2.2.18. Morfotipo

Em plantas agâmicas ou propagadas vegetativamente, o morfotipo é utilizado para diferenciar populações e indivíduos. Um morfotipo é definido por um certo número de caraterísticas, principalmente morfológicas. Um morfotipo é constituído por plantas que são morfologicamente semelhantes; apresentam o mesmo fenótipo, mas não são necessariamente da mesma constituição genética (Rendón e Aragón, 2017).

2.2.19. Variedades autóctones

As variedades colhidas nas regiões de origem ou de diversificação da cultura são designadas por variedades autóctones ou tradicionais, ou seja, aquelas que são tradicionalmente utilizadas pelos agricultores e que não foram objeto de qualquer processo de melhoramento sistemático e cientificamente controlado, e cujas sementes são produzidas pelos próprios agricultores (Rendón e Aragón, 2017).

As variedades autóctones cujas sementes são recolhidas e mantidas em bancos de germoplasma, devidamente identificadas com a informação da sua origem e localização geográfica (passaporte), são denominadas "acessos" (Rendón e Aragón, 2017). O objetivo do melhoramento genético é introduzir diversidade genética, cuja principal atividade é selecionar os indivíduos dentro de uma população que oferecem as melhores caraterísticas, alcançando uma evolução acelerada da população selecionada. Para isso, é necessária não só a variação fenotípica, mas também a genética (Caicedo, 2017).

A criação de plantas cultivadas tem um objetivo principal, que é a criação de variedades com elevada produção por unidade de área, num determinado ambiente e com determinados procedimentos culturais. Assim, a seleção de espécies cultivadas tem como objetivo a criação de materiais de reprodução:

- Resistente a pragas, doenças e ao míldio do caule.
- Precoce e produtiva.
- Fácil de adaptar.
- E nutricionalmente rico em proteínas, amido, óleos, etc. (Caicedo, 2017).

2.2.20. Multilinhas e misturas para o controlo de doenças

As multilínias e as misturas destinam-se originalmente à aplicação da estratégia de proteção, embora a proteção das plantas seja hoje possível através de outros sistemas de controlo não genéticos. O controlo genético utiliza a variabilidade genética das plantas para obter variedades com diferentes graus de resistência ou tolerância ao ataque de organismos específicos produtores de pragas (Quintana, 2019).

Neste sentido, a seleção genética tem sido direcionada para o desenvolvimento de variedades resistentes, porta-enxertos resistentes, para o estudo de determinadas técnicas de cultivo, como as multilinhas e as misturas, e para o desenvolvimento de plantas transgénicas (Quintana, 2019). As variedades multilinhas, ou seja, as misturas de linhas geneticamente relacionadas portadoras de diferentes genes de resistência a doenças, oferecem aos agricultores uma alternativa para domar o aparecimento de pragas nas culturas (Quintana, 2019).

As multilinhas são uma opção mecânica-biológica combinada para obter uma resistência generalizada. Embora possa surgir uma nova raça capaz de atacar uma das linhas componentes, não será capaz de se multiplicar rapidamente porque essa linha está rodeada por plantas portadoras de diferentes genes de resistência (Quintana, 2019).

Uma variedade multilinha é formada pela mistura mecânica de sementes de várias linhas que são semelhantes em aparência e constituição genética, mas possuem diferentes genes de resistência a pragas e doenças. As linhas são criadas e selecionadas de modo a serem quase idênticas em termos de altura, maturidade, tipo de planta, qualidade do grão e outras caraterísticas (Quintana, 2019).

Por outro lado, Navarrete (2017) descreve-a como:

- Trata-se de misturas de linhas isogénicas de espécies autopolinizadas.

- A sua principal utilidade é a resistência às doenças

- Cada linha difere em termos de resistência qualitativa ao mesmo agente patogénico.

- O objetivo é reduzir a probabilidade de o agente patogénico quebrar os diferentes alelos de resistência.

2.2.21. Doenças do milho

2.2.21.1. Ferrugem do milho (Puccinia sorghi)

Esta doença, conhecida por atacar endemicamente apenas na zona central da planta do milho, causa ataques graves, formando-se pústulas que provocam a necrose do tecido foliar, dando uma aparência de mancha foliar, e as folhas inteiras podem morrer se forem afectadas. A ferrugem é mais visível na fase de floração. O agente etiológico é um fungo heroico e macrocíclico que aparentemente faz um ciclo em Oxalis spp. (fases picnídica e ecídica), e a outra parte (uredosórica e eleutossórica) no milho (Allen, 2017).

Figura 3. Sintomas da doença Puccinia sorghi

Para o tratamento da ferrugem, recomenda-se a utilização de híbridos resistentes/tolerantes à doença, bem como a utilização de fungicidas naturais ou orgânicos (Allen, 2017).

2.2.21.2. Centelha (Sphacelotheca reiliana)

É causada por um fungo basidiomiceto denominado Sporisorium reilianum f. sp. zeae (Kühn) Langdon e Fullerton (sinónimo de Sphacelotheca reiliana (Kühn) Clinton). É um agente patogénico que sobrevive no solo e pode infetar o milho. A reprodução dá-se por teliosporos, que são esporos com dois núcleos no início, que pouco depois coalescem durante a formação dos mesmos. O crescimento e o desenvolvimento só ocorrem em condições de campo ou quando o meio de cultura contém extrato de planta de milho. Este fungo pode permanecer dormente no solo durante anos (Allen, 2017).

Figura 4. Danos causados por Sphacelotheca reiliana

2.2.21.3. Podridão do caule da antracnose (Colletotrichum graminicola e Glomerella graminicola)

Trata-se de um fungo patogénico que ataca o caule da planta; o stress após a floração favorece o aparecimento da doença. A sua identificação é feita pela coloração negra brilhante ou intensa do caule, que se esmaga facilmente quando a sua base é pressionada e cai facilmente se for empurrado. A melhor forma de combater esta doença é a rotação de culturas, a lavoura e a utilização de resistência genética (Allen, 2016).

Figura 4. Danos causados por Colletotrichum graminicolae

2.2.21.4. Podridão do caule e da raiz (Fusarium graminearum, Gibberella zeae, Scierotium bataticola, Macrophomifla phaseoli, Diplodia maydis)

O agente patogénico predominante é Fusarium graminearum e Gibberella zeae, que causam podridões do caule e da raiz à medida que a planta se aproxima da maturidade. Esta doença progride quando a planta está sob stress devido a seca, doenças foliares, danos causados por insectos, baixa fertilização ou compactação (Allen, 2016).

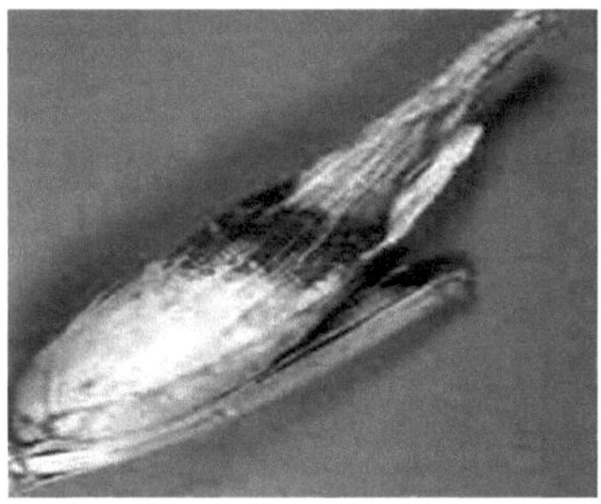

Figura 5. Sintomas da doença de Gibberella zeae

2.2.22. Pragas na cultura do milho

2.2.22.1. Verme cinzento (Segetum, Ipsilon, Exclamationis)

Os vermes cinzentos são larvas de várias borboletas que fazem parte da família Noctuidae. Têm entre 4 e 5 cm de tamanho, enrolando-se quando sentem o contacto de um possível predador. São de cor acinzentada e, no caso da Agrotis ipsilon, apresentam faixas pretas nos anéis (RAP-AL, 2017).

Figura 6. Verme Agrotis ipsilon.

A lagarta cinzenta causa danos à cultura do milho através da picada das larvas. Provocam uma murcha generalizada das folhas centrais da planta jovem, que se espalha com o tempo para o resto da planta. Um ataque intenso reduz consideravelmente o volume de plantas de uma plantação (RAP-AL, 2017). O controlo da larva cinzenta consiste na aplicação de insecticidas (Lambda cialotrina a 10% p/v (100 g/l), etc.) que, neste último caso, consiste numa pulverização foliar a concentrações de 0,01-0,02 % (RAP-AL, 2017).

2.2.22.2. Broca do milho (Sesamia nonagrioides)

Essa lagarta Sesamia se alimenta tanto da espiga quanto do colmo do milho, comendo a parte interna do colmo que sustenta o tufo (flores masculinas), provocando sua queda e impedindo assim a fecundação (RAP-AL, 2017). A produção do milho cai bruscamente. Em geral, há certa resistência à broca nas plantas adultas, com redução apenas do rendimento e da qualidade. No caso das plantas jovens, um ataque severo pode danificar completamente a cultura (RAP-AL, 2017).

Figura 7. Sesamia nonagrioides adulto causando danos ao milho. O tratamento contra a broca do milho consiste na aplicação de inseticida (deltametrina a 10% p/v na dose de 0,125 L/ha, clorpirifós a 48% em pulverização normal, 15-20 cc/10 L de água) (RAP-AL, 2017).

2.2.22.3. Mosca das sementes (Phorbia platura)

Este inseto díptero tem cerca de 0,4-0,6 cm de comprimento e é atraído por zonas húmidas, frescas ou lavradas. As larvas da mosca das sementes desenvolvem-se nas cavidades do solo. Isto causa problemas para as sementes. Estas aparecem vazias ou com galerias escavadas pelas larvas. Em caso de germinação, a planta apresenta-se deformada ou pouco vigorosa, porque as raízes são afectadas pelas larvas (RAP-AL, 2017).

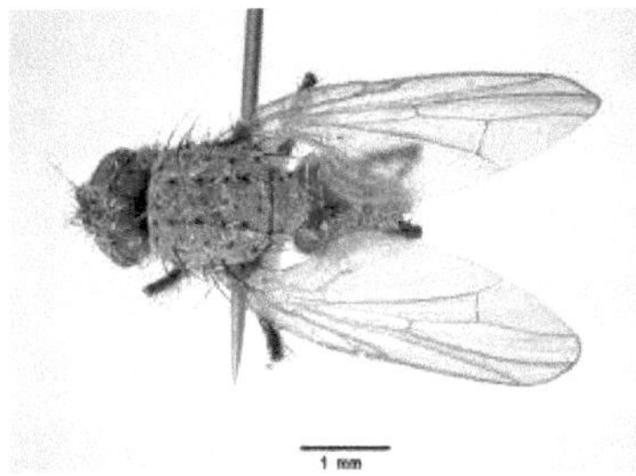

Figura 8. Mosca Phorbia platura.

A aplicação de inseticida (10% p/v (100 g/l) Lambda cyhalothrin, etc.) com uma aplicação de 0,01-0,02 % do produto é necessária para o controlo da mosca da semente no milho (RAP-AL, 2017).

2.2.22.4. Bicho-da-farinha (Elasmopalpus angustellus)

O adulto do caruncho do milho tem uma envergadura de 21 a 25 mm. As asas do adulto são acinzentadas na fêmea e de cor clara no macho. As larvas podem atingir 20 mm de comprimento e são cinzentas escuras com tons pretos na cabeça (RAP-AL, 2017).

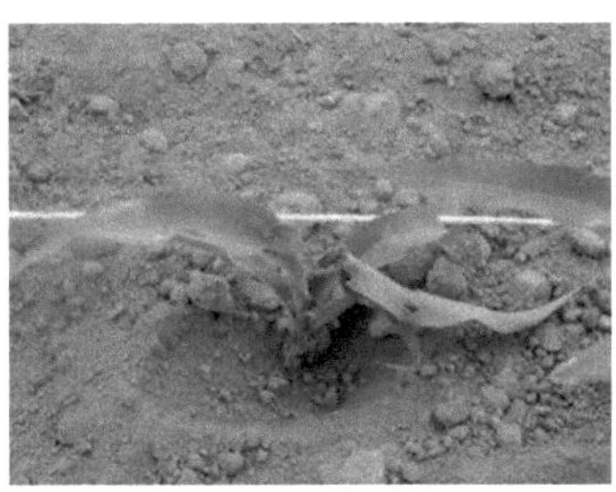

Figura 9. Danos causados por Elasmopalpus angustellus.

Os danos causados pela broca na cultura do milho são baseados em perfurações no caule. Podem ser observadas perfurações uniformes nas folhas (RAP-AL, 2017).

2.2.22.5. Lagarta do milho (Heliothis armigera)

Os danos da lagarta do milho são causados por picadas de larvas nos caules e nos frutos. Um ataque severo à cultura resulta na ceifa completa do milho. A lagarta põe os seus ovos isoladamente na parte inferior da folha (RAP-AL, 2017)

Figura 10. Borboleta adulta Elasmopalpus angustellus.

A solução para a lagarta do milho é a aplicação de insecticidas (deltametrina a 10% p/v a 0,075-0,125 L/ha, clorpirifos a 48% a uma concentração de 0,15-0,2% (150-200 cc/100 L de água) (RAP-AL, 2017).

2.2.22.6. Pulgão do milho (Rhopalosiphum maidis)

O pulgão do milho afecta a cultura sugando o material vegetal, nomeadamente as folhas e as espigas. Estes ataques provocam clorose, necrose e perda de vigor da planta. Se o ataque for grave, conduz frequentemente a uma redução do número de grãos na espiga. A época em que o pulgão ataca intensamente o milho é da primavera ao início do verão (RAP-AL, 2017).

Figura 11. Rhopalosiphum maidis causando danos ao milho.

Um tratamento contra o pulgão do milho é a aplicação de insecticidas (deltametrina a 10% p/v, em concentrações de 0,075-0,125 L/ha) (RAP-AL, 2017).

2.2.23. Lagarta-do-broto (Spodoptera frugiperda)

Esta praga é altamente relevante para a cultura do milho, sendo a mais importante de todas as pragas, embora também tenha sido detectada em algumas outras culturas, como feijão, cebola, alfafa, tomate, pepino, entre outras (Romero, 2019).Entre os problemas encontrados no controle da praga estão as condições adequadas fornecidas à mariposa para que ela possa se reproduzir e se espalhar facilmente, tendo fazendas em grande escala e maciças. Por outro lado, o uso indiscriminado de agroquímicos tornou esta praga resistente e a eficácia dos produtos é baixa (Romero, 2019). Como o resto dos noctuídeos, a atividade dos adultos é nocturna, pelo que durante a noite são atraídos pela luz, especialmente pela luz ultravioleta. À semelhança da atração pela luz, as traças são atraídas pela melada, o que é útil para a monitorização no terreno (Romero, 2019).

2.2.23.1. Taxonomia

De acordo com Villamil et al (2017), a taxonomia da traça-das-crucíferas é:

- **Reino:** Animália
- **Filo:** Arthropoda
- **Classe:** Insectos
- **Ordem:** Lepidópteros
- **Subordem:**Glossata
- **Infra-ordem:** Heteroneura
- **(sem classificação):** Ditrícia
- **Família:** Noctuidae
- **Subfamília:** Xyleninae
- **Género:** Spodoptera
- **Espécie:** S. frugiperda

2.2.23.2. Descrição

O crisomelídeo alimenta-se de culturas como o milho, o algodão, os pequenos cereais, a soja, o pimento e o tomate. Os danos ocorrem quando as larvas perfuram as flores e os frutos da planta hospedeira e se alimentam no interior da planta; as larvas podem também alimentar-se das folhas das plantas hospedeiras. Esta praga invasora pode ser encontrada tanto em ambientes de campo como de estufa (Yanggen et al., 2019).

O crisomelídeo tem quatro fases de vida: ovo, larva, pupa e adulto. Os ovos são muito pequenos, com nervuras que se estendem longitudinalmente ao longo da sua superfície (Maya, 2016).

Passam de branco-amarelado a castanho-escuro imediatamente antes da eclosão. As larvas podem ter até 1,7 polegadas de comprimento e variam em cor de verde azulado a vermelho castanho, escurecendo após cada muda. As pupas são castanho-escuras a castanhas e têm entre 0,6 e 0,9 polegadas de comprimento (Maya, 2016).

Os adultos têm uma envergadura de asas de 1,4 a 1,6 polegadas e variam em cor. Geralmente, os machos são castanho-amarelados, amarelos ou castanho-claros, e as fêmeas são castanho-alaranjadas (Maya, 2016).

Os adultos emergem de finais de março a junho e põem ovos numa variedade de plantas hospedeiras. As larvas passam por cinco a sete fases de desenvolvimento. Uma vez maduras, as larvas caem no chão e transformam-se em pupas para hibernar no solo, emergindo como traças na primavera (Maya, 2016).

Durante o seu ciclo de vida passa pelas fases de ovo, larva, pupa e adulto, sendo que o seu ciclo de vida se completa em aproximadamente 30 dias no verão, 60 dias na primavera e 90 dias no inverno (PAN International, 2016).

Esta espécie pode ter sobreposição de gerações, o que significa que podem estar presentes diferentes fases de vida ao mesmo tempo. O número de gerações por ano pode variar muito, dependendo do clima. Assim, em geral, esta praga pode ter 2-5 gerações por ano em regiões temperadas e até 11 gerações por ano em regiões tropicais (Pesticide Action Network, 2018). Dependendo das temperaturas, o ciclo completo da praga pode durar entre 30 e 70 dias, sendo mais curto em condições mais quentes e vice-versa. Em cada geração, o ciclo da praga divide-se em quatro fases. A duração destas fases varia: (i) como pupa (mal enterrada no solo ou no restolho), dura entre 6-13 dias; (ii) como adulto, 6-20 dias; (iii) como ovo, entre 2-5 dias e, (iv) como larva, entre 17-32 dias (nesta fase passa por 6-9 instares) (Pesticide Action Network, 2018)

Em geral, uma percentagem muito elevada de pupas morre quando expostas a temperaturas inferiores a 8°C durante curtos períodos, por exemplo, 15 dias. Em algumas regiões do norte do país, onde as condições são favoráveis (temperatura), o inseto passa o inverno como pupa enterrada no solo. Em direção ao centro e ao sul da zona agrícola da Argentina, as primeiras infestações resultariam de migrações de zonas mais quentes (Pesticide Action Network, 2018).

2.2.23.3. Reprodução

Uma fêmea pode ovipositar mais de 1000 ovos durante o seu período reprodutivo. Estes eclodem em três a cinco dias: as larvas alimentam-se de uma pequena área foliar quando eclodem, mas nos dias seguintes espalham-se pelas plantas vizinhas, instalando-se no gomo. Têm hábitos canibais, pelo que, a partir do terceiro período, apenas se observa uma larva por rebento (Ramírez e Lacasaña, 2018).Passam por seis fases de desenvolvimento em 14 a 21 dias, consoante a temperatura. A fase de pupa ocorre no solo e cerca de 9 a 13 dias depois, o adulto emerge (Corra, 2019). Os ovos da traça-das-crucíferas (Spodoptera frugiperda) demoram 3 a 5 dias a eclodir, sendo depositados em massas de até 300 ovos numa determinada área. superfície foliar coberta por um fino tecido formado pelas escamas do corpo da fêmea adulta (Corra, 2019).

2.2.23.4. Nível de gravidade

A lagarta-do-cartucho pode atacar o milho desde a germinação até à maturidade da cultura. Os ataques precoces podem afetar as fases vegetativas do desenvolvimento, enquanto os ataques tardios podem danificar as espigas (Pirkle, et al., 2016).Os danos mais importantes ocorrem a partir das primeiras fases vegetativas, embora em fases mais avançadas também ataquem panículas de milho e sorgo, bem como principalmente as espigas de milho, geralmente na base e na parte média (Pirkle, et al., 2016).

No estabelecimento, a praga actua como cortador, quando o pousio anterior foi mantido sujo, com predominância de ervas daninhas. Quando a cultura emerge, tem preferência pela cabeça do milho. Neste caso, as plantas danificadas recuperam, mas sofrem um atraso considerável. Como passo prévio à perfuração da cabeça, danifica as folhas com intensidade variável em função do desenvolvimento das suas peças bucais (Timoty, et al., 2016).

A quantificação dos danos causados por Spodoptera frugiperda depende do nível de infestação e do estádio fenológico da cultura, variando o limiar económico entre 10 e 50 % das plantas infestadas (Timoty, et al., 2016).

A Secção de Entomologia do Instituto Nacional de Tecnologia Agrícola - INTA Pergamino estabeleceu uma escala de danos/graus:

Grau 1, apenas roem a epiderme das folhas sem as perfurar, deixando manchas translúcidas conhecidas como "ventanitas".

Grau 2, a desfolha é moderada e começa a observar-se a presença de serradura ou excrementos (Villamil et al., 2017).

Grau 3, os danos no gomo são intensos e envolvem a planta; observam-se larvas grandes e grandes quantidades de excrementos. Consomem a lâmina foliar, produzindo perfurações irregulares, e dirigem-se para o botão, para se alimentarem e se protegerem (Villamil et al., 2017).

O verdadeiro dano que causa ao botão é quando o penetra. Até o estágio de 4 folhas, come folhas causando danos intensos, mas sem matar a planta, pois o ápice ou meristema de crescimento está abaixo do nível do solo, mas entre a 4ª e a 6ª folha a isoca se alimenta do primórdio apical e a planta morre. Em anos de altas infestações tardias pode danificar a espiga (Villamil et al., 2017).

III. MATERIAIS E MÉTODOS

3.1. Localização do projeto de investigação

Esta investigação de campo foi realizada na Fazenda Experimental "La María", pertencente à Universidade Técnica Estatal de Quevedo, localizada no Km 7 da estrada Quevedo - El Empalme, nas seguintes coordenadas geográficas: 79° 27' de longitude oeste e 01° 06' de latitude sul, a uma altitude de 85 m acima do nível do mar.

3.2. Caraterísticas pedoclimáticas do solo

O quadro seguinte apresenta as caraterísticas edafoclimáticas da zona onde foi efectuada a investigação.

Tabela 2. Caraterísticas edafoclimáticas da Quinta Experimental "La María". UTEQ - Mocache

Parameters	Average
Average annual rainfall (mm)	2223.80
Average annual temperature (ºC)	26 ºC
Relative humidity (%)	83
Annual heliophany (Hours/light/year)	894.66 hours/light/year
Topography	Irregular relief
Soil pH	6.5

Fonte: Estação Agrometeorológica do INIAP. Instituto Nacional de Meteorologia e Hidrologia (INAMHI), Estação Experimental Tropical de Pichilingue, (2021).

3.3. Fator de estudo

3.3.1. Material genético

O material genético utilizado foi constituído por dois híbridos comerciais (DAS 3385, INIAP 551) e duas variedades autóctones de milho da coleção do banco de germoplasma do INIAP - Pichilingue.

3.4. Conceção da investigação

3.4.1. Conceção da investigação e análise estatística

O delineamento e a análise estatística exigiram a utilização de um esquema de blocos completos casualizados aplicado a dez tratamentos com três repetições. O teste de Tukey a 5% de probabilidade foi utilizado para comparar as médias dos tratamentos.

3.5. Tratamentos em estudo

Quanto às misturas semeadas, estas foram provenientes de quatro cultivares com maior potencial de aceitação de compra pelos produtores, ou seja, foram utilizados dois híbridos comerciais predominantes e combinados com duas landraces que possuem caraterísticas importantes em termos de resistência e tolerância a problemas sanitários prevalecentes. Além disso, as parcelas de monocultura foram comparadas com as parcelas de mistura intraespecífica, resultando em dez combinações de cultivares, como mostra a tabela abaixo:

Tabela 3. Combinação de híbridos utilizados nos diferentes níveis de misturas e monocultura, de acordo com as suas caraterísticas de resistência a problemas fitossanitários e as suas caraterísticas agronómicas.

NO.	Mixtures of maize hybrids and landraces
1	INIAP-551+ maíz criollo Manabí
2	INIAP-551+ maiz criollo Palenque
3	DAS-3385+ maíz criollo Manabí
4	DAS-3385+ maíz criollo Palenque
5	INIAP-551+ maiz criollo Manabí+ maiz criollo Palenque
6	DAS-3385+ maiz criollo Manabí+ maiz criollo Palenque
7	INIAP-551
8	DAS-3385
9	Maíz criollo Manabí
10	Maíz criollo Palenque

Elaborado por: Autor (2021).

3.6. Delimitação da experiência

Nesta secção, passamos a descrever as caraterísticas da experiência realizada no terreno. Como se pode ver abaixo:

Quadro 4. Caraterísticas da experiência a estudar.

Caraterísticas

Dimensões de cada unidade experimental	5,0 m * 3,20 m
Área de cada unidade experimental	16 m2
Distância entre linhas de milho	0.80 m
Distância entre plantas	0.20 m
Número de linhas por parcela	4
Número de plantas por linha	25
Número de plantas por unidade experimental	100
Número de plantas úteis por unidade experimental	50
Elaborado por: Autor (2021).	

3.7. Gestão da experiência

3.7.1. Preparação do solo

Uma vez selecionada a área onde se realizou a investigação, o solo foi preparado com duas passagens da grade, de modo a ficar pronto para a sementeira.

3.7.2. Semeadura

Esta fase foi realizada manualmente, utilizando um espelho no qual foram depositadas 2 sementes por batida, de acordo com uma distância entre plantas de 0,20 m. A semente foi também curada com Vitavax 400 de ação sistémica, antes do processo de sementeira, para que não fosse danificada por ataques de insectos ou fungos.

3.7.3. Controlo de ervas daninhas

Foram utilizados dois tipos de controlo de infestantes: O método cultural, que consistiu na utilização de práticas de gestão que proporcionaram à cultura uma maior gestão e facilidade de controlo das infestantes. Por outro lado, foi utilizado o controlo químico, em que se utilizou um pré-emergente (Glifosato e Amino 6) aos 15, 30, 45 e 60 dias após a sementeira.

3.7.4. Controlo de pragas e doenças

Não foi realizada aplicação de agrotóxicos para controle de pragas e doenças, devido à natureza da pesquisa, para não interferir nas variáveis avaliadas.

3.7.5. Fertilização

Na fase de adubação foi utilizado NPK (Nitrogénio (N), Fósforo (P) e Potássio (K)), aos 8, 20, 35 e 60 dias após a sementeira. adubo foliar (EVERGREEN) na dose de 0,5 a 1 litro por hectare, aos 25, 45 e 65 dias após a sementeira.

3.7.6. Colheita

O processo de colheita foi efectuado manualmente, quando se observou que as plantas tinham atingido a maturidade fisiológica completa após 120 dias.

3.8. Variáveis avaliadas

3.8.6. Altura da planta

Para a variável altura, esta foi medida do nível do solo até à base da panícula masculina. Relativamente às amostras das 10 plantas retiradas ao acaso de cada parcela útil, foi utilizada uma régua para a medição e a unidade expressa em metros. Esta atividade foi avaliada 60 dias após a sementeira.

3.8.7. Altura de inserção da tampa

Foram selecionadas aleatoriamente 10 plantas da área útil de cada parcela experimental e medidas com uma fita métrica desde a base do caule até o nódulo de inserção da espiga, sendo depois calculada a média e expressa em centímetros.

3.8.8. Peso de 100 sementes

Para cada tratamento e na altura da colheita, foram retiradas espigas ao acaso de cada parcela da área experimental e pesadas 100 sementes.

3.8.9. Comprimento da espiga

O comprimento da espiga foi medido da base até ao ápice, sendo depois calculada a média e expressa em centímetros. atividade exigiu a recolha aleatória de dez espigas na altura da colheita, correspondentes a cada parcela da área experimental.

3.8.10. Peso do grão por espiga

Foram retiradas ao acaso dez espigas de cada parcela da área experimental e o peso do grão foi registado e expresso em gramas.

3.8.11. Rácio grão/grama de feijão-frade

A relação entre o miolo e a crosta foi determinada tomando uma amostra de dez espigas descascadas à mão e dividindo o peso do miolo pelo peso da crosta.

3.8.12. Desempenho

O peso de todos os grãos obtidos em cada unidade das parcelas experimentais foi registado, sendo depois estes valores convertidos em kg ha^{-1} através de uma regra de três simples.

3.8.13. Níveis de severidade das doenças foliares (Curvularia lunata, Spiroplasma kunkellii, Puccinia sorghi e Helminthosporium spp.).

As plantas foram selecionadas para medir os danos causados pelas doenças foliares, utilizando a escala arbitrária proposta pelo CIMMYT, e foram avaliadas aos 45 e 65 dias de idade da cultura. Essa escala, com os valores a serem considerados, é apresentada a seguir:

Tabela 5. Escala arbitrária CIMMYT

Escala	Percentagem de 0 - 100	Danos
1	0	Nenhum
2	0 - 5	Ligeiro
3	5 - 20	Moderado
4	20 - 50	Severo
5	50 - 100	Muito grave

Fonte: CINMYT (2019)

3.8.14. Nível de severidade da traça-das-crucíferas por dano/planta

Com o objetivo de identificar, conhecer e avaliar o nível de danos causados pela (Spodoptera frugiperda), procedeu-se à monitorização dos gomos das plantas em toda a área útil das unidades experimentais. Esta avaliação foi efectuada tomando vinte plantas por tratamento, nas quais se registou o número de plantas sãs e danificadas, à escala da tabela 6 de Davis, e avaliadas aos vinte e trinta dias de idade da cultura, tendo em conta os seguintes aspectos:

- Folhas roídas
- Excrementos frescos
- Perfurações da lâmina.

Tabela 6. Escala de danos das larvas de Spodoptera frugiperda nas folhas.

	Features
1	minimal lesions on the leaves of the head.
2	small holes and circular lesions.
3	small circular lesions and few elongated lesions 1.3 cm.
4	1.3 - 2.5 cm elongated lesions on the leaves of the bud and on unfolded leaves.
5	elongated lesions >2.5 cm and few large small to medium-sized, uniform irregular holes.
6	elongated lesions >2.5 cm with few large holes.
7	many elongated lesions of all sizes and several large orifices.
8	many elongated lesions of all sizes and many large orifices.
9	plant virtually destroyed.

3.9. Análise estatística dos dados

A análise dos dados foi efectuada através de uma análise de variância e do teste de Tukey, com o objetivo de efetuar uma comparação entre tratamentos (hipótese) e a previsão de uma resposta (variável dependente) a partir das variáveis dependentes, para que haja um cumprimento rigoroso, partindo do princípio de que, se a dispersão dos dados for elevada, os dados podem ser ajustados à normalidade.Dada a natureza desta experiência, procurando racionalizar a informação dela derivada, as variáveis foram analisadas sob dois pontos de vista distintos: por um lado, a situação das próprias misturas (o delineamento inclui a monocultura ou uma única cultivar/parcela, até à mistura de três genótipos, o número de misturas será ordenado em função do número de componentes ou genótipos que a integram, onde se procedeu a uma análise estatística também em função do número de componentes).

IV. RESULTADOS

4.1. Altura da planta

De acordo com os dados da recolha, foi identificada a altura da planta de cada uma das misturas de milho e monocultura. Verificou-se que a planta mais alta, com uma altura de 2,64 metros, foi a do tratamento de monocultura MC Manabí, seguida de DAS + MC Palenque e DAS + MC Manabí + MC Palenque com 2,59 m, e a mistura de milho DAS + MC Manabí obteve 2,58 m, e INIAP + MC Manabí obteve uma altura de 2,50 m. Estas plantas foram as mais altas, enquanto as restantes se situam entre 2,30 e 2,50 m de altura. Estas plantas foram as mais altas, enquanto que as restantes se situam entre os 2,30 e os 2,45 metros. É evidente a diferença e o impacto das diferentes caraterísticas das sementes e do modo de tratamento e produção na altura da planta.

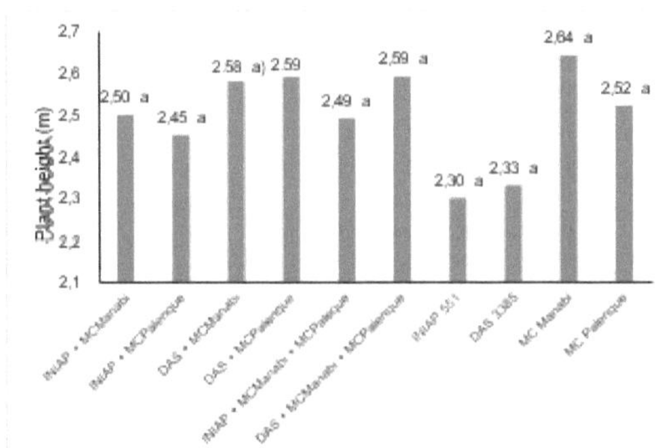

Figura 13. Altura das plantas (m) em diferentes misturas intra-específicas de milho e monoculturas.

4.2. Altura de inserção da tampa

Pode-se observar nos resultados do experimento que o tratamento MC Manabí deu uma medida de altura total de 139,30 cm de inserção da espiga, a combinação INIAP + MC Palenque com 130,33 cm, as duas medidas de INIAP + MC Manabí obtiveram 128,84 cm, DAS + MC Palenque mediram 126,41 cm. Os outros tratamentos, INIAP 551, DAS 3385 e MC Palenque, ficaram abaixo da média (normal), entre 117,38 e 119,18 cm, respetivamente.

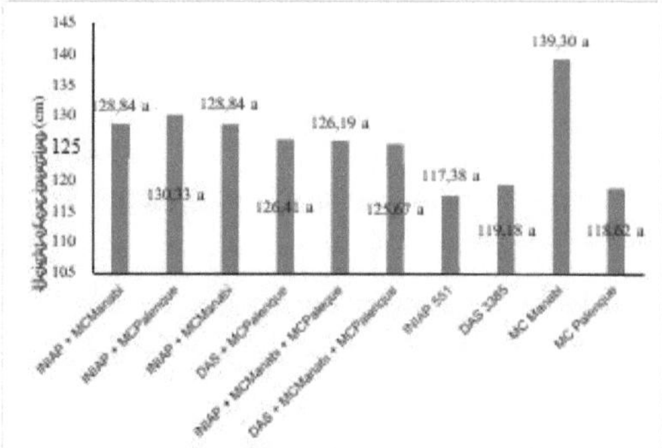

Figura 14. Altura de inserção da espiga (cm) em diferentes misturas intra-específicas de milho e monoculturas.

4.3. Componentes de desempenho

Os resultados da tabela mostram que as monoculturas tiveram uma média maior para as caraterísticas do componente comprimento de espiga (cm), fazendo com que as monoculturas obtivessem uma média menor no rendimento de peso de grãos por espiga (g), enquanto que no peso de 100 sementes (g) as monoculturas tiveram uma porcentagem média e com relação à relação grão/espiga, as monoculturas mantiveram uma média.

Quadro 7. Principais caraterísticas dos componentes do rendimento em diferentes misturas intra-específicas de milho e monoculturas.

Tratamentos	Comprimento da espiga (cm)	Peso do grão por espiga (g)	Peso de 100 sementes (g)	Rácio grão tusa
INIAP+ MCManabí	14,88 a	96,33 ab	31,67 a	5,07 a
INIAP+ MCPalenque	14,63 a	87,17 b	28,33 a	4,71 a
DAS+ MCManabí	14,76 a	102,00 ab	35,00 a	4,97 a
DAS+ MCPalenque	15,39 a	93,17 ab	33,33 a	4,47 a
INIAP+ MCManabí MCPalenque+	15,05 a	90,33 b	31,67 a	4,32 a
DAS++ MCPalenque	14,93 a	90,83 b	35,00 a	4,57 a
INIAP 551	20,15 a	100,06 ab	33,33 a	4,44 a
DAS 3385	15,10 a	117,33 a	36,67 a	4,91 a
MC Manabí	14,40 a	90,67 b	30,00 a	5,59 a

MC Palenque	15,18 a	96,33 ab	33,33 a	4,61 a
CV (%)	18,69	8,63	12,12	11,73

Nota: O teste de Tukey a 5% de significância para os tratamentos na avaliação da produtividade separou as médias em seis faixas de significância.

4.4. Desempenho

A Figura 15 mostra os diferentes tratamentos com suas respectivas caraterísticas: medidas (comprimento de espiga, peso de grãos por espiga, peso de 100 sementes e relação grão/semente). Na qual foi evidenciado o alto rendimento de kg ha^{-1} nas monoculturas, destacando o Das 3385.

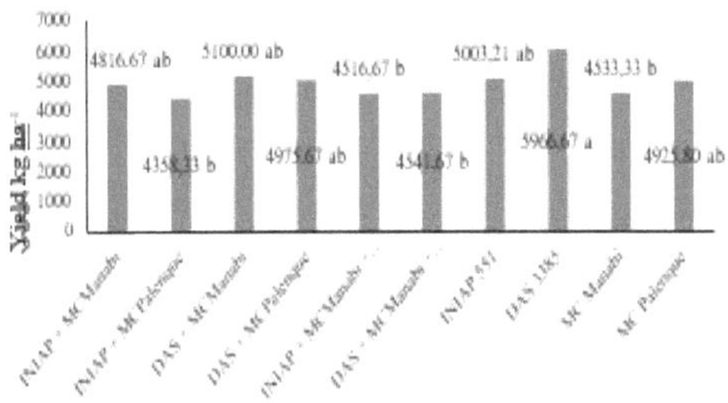

Figura 15. Rendimento kg ha^{-1} em diferentes misturas intra-específicas de milho e monoculturas.

4.5. Incidência de doenças foliares (Curvularia lunata, Spiroplasma kunkellii, Puccinia sorghi e Helminthosporium spp.) em diferentes misturas intra-específicas de milho.

Nesta secção procedeu-se à determinação da incidência das doenças foliares C. lunata, S. kunkellii, P. sorghi e Helminthosporium spp. nas diferentes misturas intra-específicas de milho, tendo sido determinados e demonstrados os valores e resultados abaixo indicados:

a) Ocorrência de Curvularia lunata

A Figura 16 mostra a incidência da doença Curvularia lunata, o nível de dano causado por esta doença foi maior em todas as monoculturas, o mesmo cenário foi presente aos 65 dias.

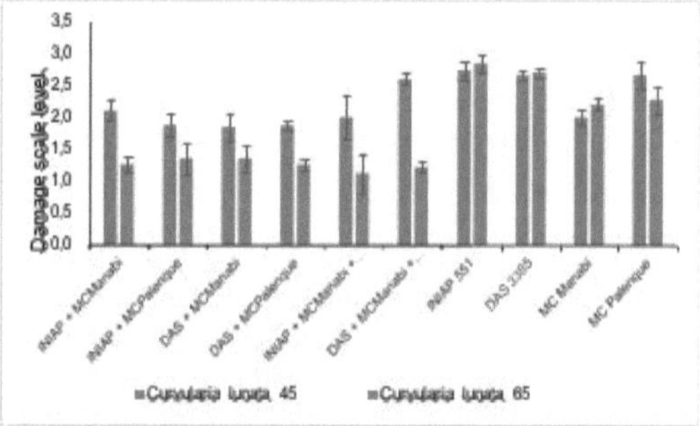

Nível da escala de danos de Curvularia lunata em diferentes misturas intra-específicas de milho e monoculturas, com erro padrão.

De acordo com a figura 17, os danos médios presentes nos tratamentos são os seguintes: na monocultura 45 dias o dano médio foi de 3,80 e aos 65 dias 3,89, nas misturas de dois genótipos a média aos 45 dias foi de 2,14 e aos 65 dias foi de 2,19, e na mistura dos três genótipos, o dano aos 45 dias foi de 1,83 e aos 65 dias 1,93. Concluiu-se que houve danos por esta doença em todos os componentes.

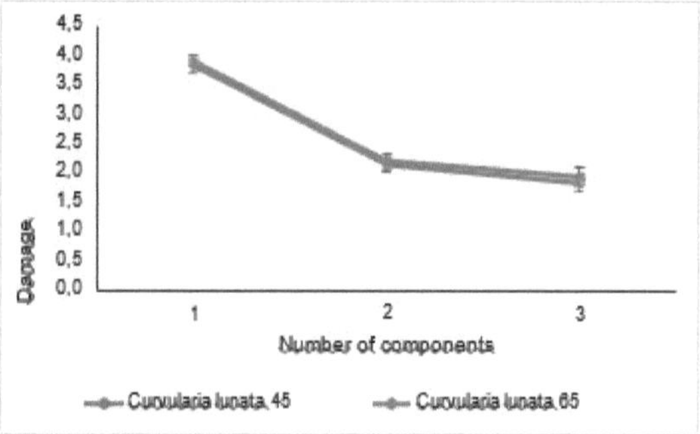

Figura 17. Nível da escala de dano de Curvularia lunata e o número de componentes utilizados em diferentes misturas intraespecíficas de milho e monoculturas, com erro padrão. 1= médias das monoculturas; 2= médias das misturas de dois genótipos; 3= médias das misturas de três genótipos.

b) Incidência de Spiroplasma kunkellii

O nível de danos causados por Spiroplasma kunkellii ocorreu em níveis médios nos tratamentos INIAP + MCManabí, INIAP + MCPalenque, DAS + MCManabí, DAS + MCPalenque, INIAP + MCManabí MCPalenque, DAS + MC Manabí + MC Palenque aos 45 e 65 dias, enquanto MCPalenque, INIAP, MC Manabí, DAS 3385 tiveram danos mais elevados no mesmo cenário de 45 e 65 dias. Nesta medição, foram avaliados os danos causados pelo Spiroplasma kunkellii, vulgarmente conhecido como "fita vermelha", e os resultados são os seguintes

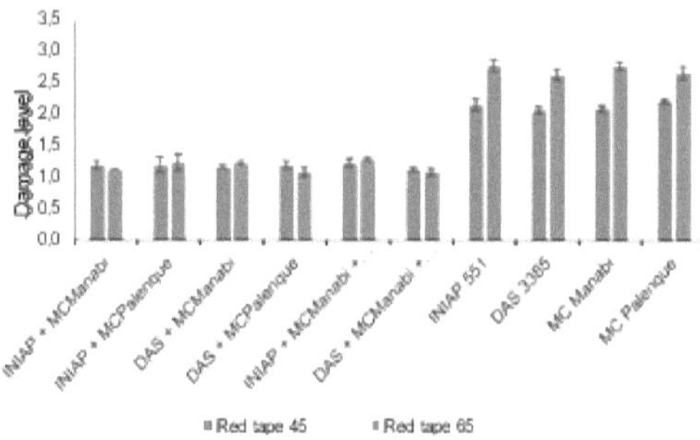

Nível de dano de Spiroplasma kunkellii em diferentes misturas intra-específicas de milho e monoculturas, com erro padrão.

As médias da figura 19 mostram que o nível de danos diminui em função do número de componentes das misturas intra-específicas de milho aos 45 e 65 dias. De seguida, apresenta-se o nível médio da escala de danos da doença foliar vulgarmente conhecida por "fita vermelha".

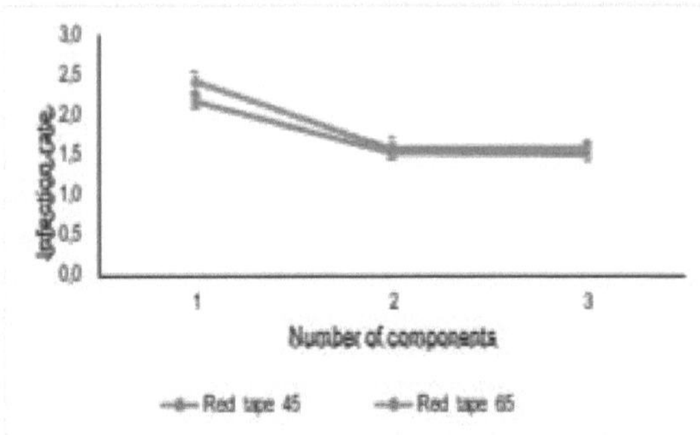

Figura 19. Escala do nível de danos de Spiroplasma kunkellii e número de componentes utilizados em diferentes misturas intra-específicas de milho e monoculturas, com erro padrão. 1= médias de monoculturas; 2= médias de misturas de dois genótipos; 3= médias de misturas de três genótipos.

c) **Incidência de Puccinia sorghi.**

O nível de danos causados por P. sorghi ocorreu em níveis mais baixos nos tratamentos INIAP+ MC Manabí, INIAP+ MC Palenque, DAS+ MC Manabí, DAS+ MC Palenque, INIAP+ MC Manabí+ MC Palenque, DAS+ MC Manabí + MC Palenque, enquanto que, em MC Palenque, INIAP, MC Manabí, DAS 3385 tiveram danos mais elevados, o mesmo cenário ocorreu aos 65 dias.

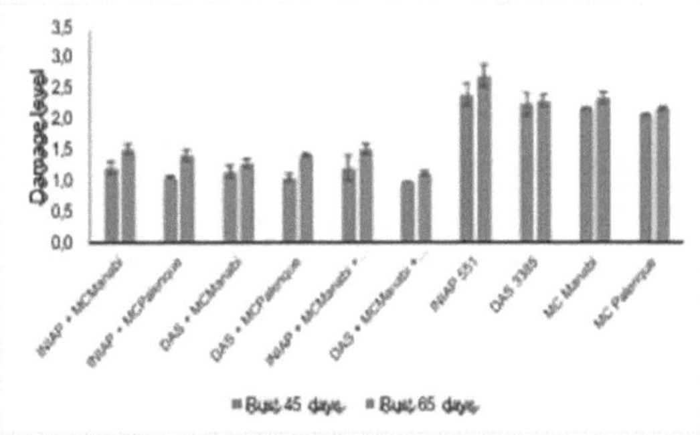

Nível de dano de Puccinia sorghi em diferentes misturas intra-específicas de milho e monoculturas, com erro padrão.

A Figura 21 mostra os danos médios de ferrugem presentes nos tratamentos: nas monoculturas aos 45 dias o dano médio foi de 2,23 e aos 65 dias de 2,38, nas misturas de dois genótipos a média aos 45 dias foi de 1,57 e aos 65 dias de 1,53, e na mistura de três genótipos, o dano aos 45 dias foi de 1,47 e aos 65 dias de 1,48. Observou-se também um aumento nos componentes 1 e 3, enquanto no componente 2 houve uma ligeira redução aos 45 dias.

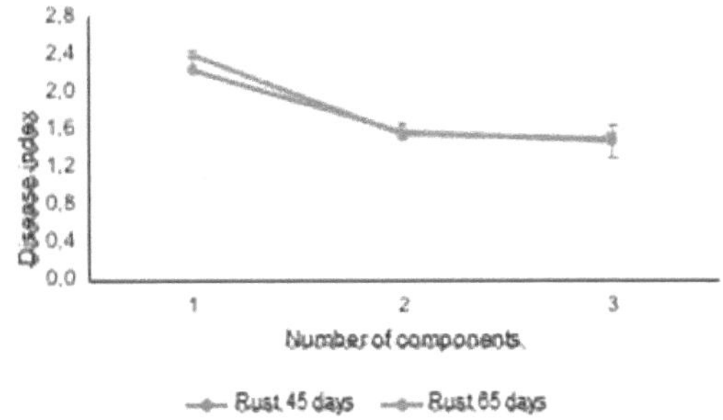

Figura 21. Nível da escala de danos de Puccinia sorghi e o número de componentes utilizados em diferentes misturas intra-específicas de milho e monoculturas, com erro padrão. 1= médias das monoculturas; 2= médias das misturas de dois genótipos; 3= médias das misturas de três genótipos.

d) Incidência de Helminthosporium spp.

Esta figura mostra claramente o nível de danos causados por Helminthosporium spp. em dois períodos de medição diferentes: 45 dias e aos 65 dias, a partir dos quais a escala de danos foi severa em todas as monoculturas.

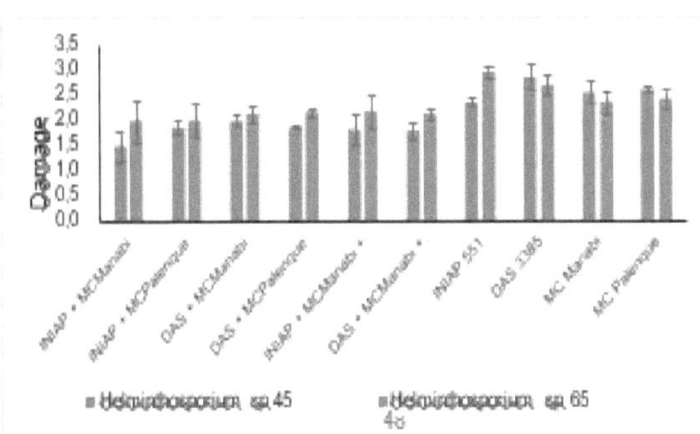

Figura 22. Nível de dano de Helminthosporium spp. em diferentes misturas intra-específicas de milho e monoculturas, com erro padrão.

O dano médio de Helminthosporium spp. nas monoculturas aos 45 dias foi evidente e o dano severo aumentou aos 65 dias devido ao número de componentes.

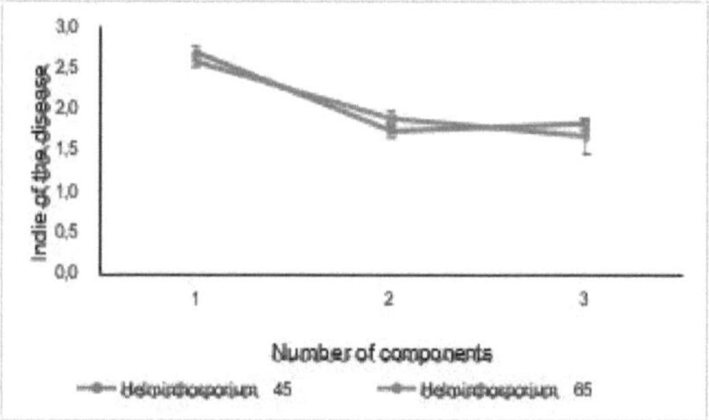

Figura 23. Escala do nível de danos de Helminthosporium spp e número de componentes utilizados em diferentes misturas intra-específicas de milho e monoculturas, com erro padrão. 1= médias das monoculturas; 2= médias das misturas de dois genótipos; 3= médias das misturas de três genótipos.

4.6. Severidade dos danos causados pela traça-das-crucíferas (Spodoptera frugiperda) em diferentes misturas intra-específicas de milho.

A gravidade dos danos causados por S. frugiperda foi avaliada para cada tratamento na cultura do milho. De acordo com a escala de Davis, os danos são classificados como baixos = 1, 2 e 3, médios = 4, 5 e 6 e altos = 7, 8 e 9. Os resultados observados indicam que nos primeiros 20 dias todos os tratamentos avaliados apresentavam um nível baixo de danos e aos 30 dias os danos aumentaram para um nível médio em todos os tratamentos de monocultura.

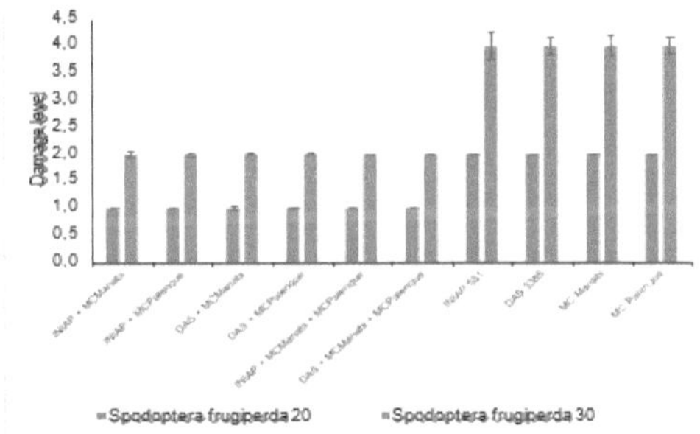

Figura 24. Nível de danos de Spodoptera frugiperda em diferentes misturas intra-específicas de milho e monoculturas, com erro padrão. Segundo a escala Davis: danos baixos 1, 2 e 3; danos médios 4, 5 e 6; danos médios 4, 5 e 6; danos elevados 4, 5 e 6. danos elevados 7, 8 e 9.

Representa as médias das monoculturas e obteve um nível de dano de 2,00, aos 20 dias e aos 30 dias foi de 4,00. Em relação à mistura de dois componentes é de 1,00 aos 20 dias e aos 30 dias o resultado foi de 2,00 de dano e a mistura de três genótipos obteve aos 20 dias 1,00 e aos 30 dias 2,00 de nível de dano na planta. Isso mostra que o maior dano foi obtido pelas monoculturas aos 30 dias, seguido pela mistura dos dois e três genótipos, que foi menor que o das monoculturas.

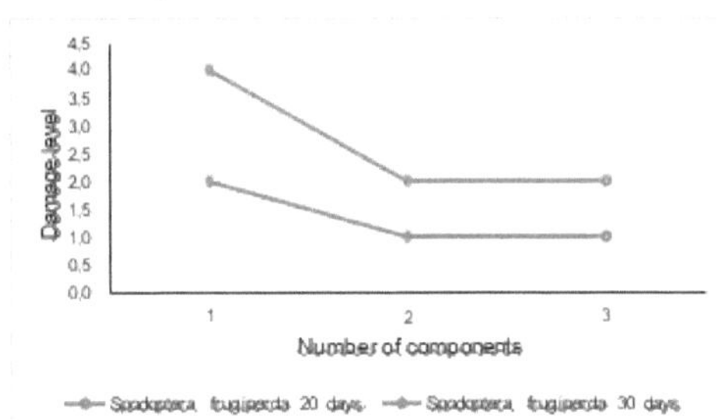

Nível de danos de Spodoptera frugiperda e número de componentes utilizados em diferentes misturas intra-específicas de milho e monocultura. 1= médias das monoculturas; 2= médias das misturas de duas. De acordo com a escala Davis: danos baixos 1, 2 e 3; danos médios 4, 5 e 6; danos elevados 7, 8 e 9 genótipos; 3= médias de misturas de três genótipos. De acordo com a escala Davis: danos baixos 1, 2 e 3; danos médios 4, 5 e 6; danos elevados 7, 8 e 9.

V. DISCUSSÃO

As doenças foliares têm impacto no rendimento e nos componentes numéricos (espiga, peso de grão por espiga, peso de semente e relação grão/espiga), pois produzem alterações nos sistemas responsáveis pela produção dentro da planta, como a diminuição do índice de área foliar verde (Alavanja, 2019). Os resultados da presente investigação corroboram o acima mencionado. De acordo com o cálculo do rendimento por kg ha $^{-1}$ para determinar a incidência de doenças na capacidade de produção, pode-se observar que nesta pesquisa as doenças afetam negativamente os rendimentos, esta situação coincide com Quintana (2019) que afirma que "as doenças foliares são um dos principais fatores bióticos que limitam a expressão dos rendimentos das culturas". O nível de incidência de doenças foliares em diferentes misturas intraespecíficas, que foram INIAP + MCManabí, INIAP + MCPalenque, DAS + MCManabí, DAS + MCPalenque, INIAP + MCManabí + MCPalenque, INIAP + MCManabí + MCPalenque, INIAP + MCManabí + MCPalenque, DAS + MCManabí + MCPalenque, bem como as monoculturas INIAP 551, DAS 3385, DAS 3385, MC Manabí, MC Palenque. Relativamente a Curvularia lunata, Spiroplasma kunkellii, Puccinia sorghi e Helminthosporium spp. foi evidente a diminuição do nível de danos devido ao número dos seus componentes.Foi possível observar e analisar que as doenças foliares afectam negativamente a cultura do milho, e que o aumento crescente se deve à deficiência no maneio destas doenças, razão pela qual é necessário fazer uma proposta como alternativa, que requereu dados de secções anteriores em que se demonstrou tanto a incidência de pragas e doenças, como os danos causados pela praga lagarta-do-broto à cultura do milho que foi submetida a esta experiência. investigação com o objetivo de contribuir positivamente para os resultados do tratamento e produção da planta. De acordo com os resultados relativos às misturas de vários genótipos (DAS 3385, Maíz crioulo Manabí e Maíz crioulo Palenque) identifica-se que ao misturar os genótipos, estes são influenciados pelo cruzamento de genes de resistência dos materiais crioulos para os híbridos e vice-versa, afectando positivamente o desenvolvimento agronómico e a resistência a pragas e doenças, o que nos dá a orientação para recomendar este tipo de produção alternativa de milho onde as aplicações de produtos fitossanitários serão minimizadas. Foi possível identificar a severidade do dano da lagarta-do-cartucho nos 10 tratamentos aplicados nesta pesquisa, na qual foi determinada em duas medidas de tempo a nível geral: 20 e 30 dias para fazer sua respectiva medição na qual foi demonstrado que o nível de dano causado aos 20 dias foi baixo, mas à medida que o tempo aumentou (30 dias) o nível aumentou para nível médio. A este respeito, Louette e

Smale (2016) afirmam que as infestações desta praga causam danos severos às culturas, o que leva diretamente a reduções de rendimento superiores a 30%. Por isso, é preciso ter muito cuidado no manejo das culturas. Em relação aos danos médios de S. frugiperda presentes nos tratamentos e de acordo com os componentes utilizados na cultura do milho, obteve-se que os maiores danos foram obtidos pelas monoculturas, já que a mistura dos dois genótipos, bem como os dos três genótipos foi menor dano causado por doenças e pragas; o que mostra como consequência que a mistura intraespecífica de sementes pode afetar positivamente a severidade dos danos causados por esta praga comum na cultura do milho. Isso coincide com Yánez et al., (2018) que afirmam que as misturas intraespecíficas são estabelecidas para reprodução, alimentação e proteção contra pragas e doenças e isso as torna mais resistentes e não afeta consideravelmente o rendimento da cultura.Todas as informações deste trabalho são direcionadas para a importância de dar um manejo e cuidados corretos às diferentes culturas, principalmente o milho, que é o mais importante. que é constantemente atacado por pragas e doenças que afetam a produção. A redução de danos devido à mistura de genótipos e monoculturas utilizadas, permite ao agricultor agir de forma a evitar situações que afectam diretamente a cultura, bem como a sua economia devido à redução dos rendimentos. No que diz respeito à aplicação de diferentes misturas intraespecíficas no milho e os resultados sobre a resistência que apresentaram aos ataques de pragas e doenças, nota-se a importância da aplicação das mesmas na cultura do milho. Barg e Armand (2017) também concordam, afirmando que o uso de misturas intraespecíficas e diferentes genótipos de milho evita parcialmente que as pragas danifiquem a cultura e, portanto, evita afetar os rendimentos da produção, mas também é vital porque o uso de métodos agroecológicos pode resolver problemas relacionados à erosão e conservar melhor o solo e aumentar a estabilidade dos sistemas agrícolas. As misturas intra-específicas aplicadas ao milho geram efeitos positivos na entomofauna da cultura, o que, por sua vez, permite uma gestão adequada e não só protege a produção, mas também o solo, a regulação da água, a conservação da biodiversidade e, claro, a redução de custos em muitas tarefas laborais geralmente realizadas pelos agricultores (Sánchez e Ruiz 2016). Com base nesta análise, pode-se concluir que a aplicação de misturas intraespecíficas para o controlo e cuidado de pragas e doenças presentes nas culturas de milho teria um efeito positivo tanto na produção como na preservação do ecossistema.

VI. CONCLUSÕES

- A utilização de diferentes misturas intra-específicas de milho dos diferentes tratamentos aplicados na experiência permite uma redução da incidência das doenças foliares Curvularia lunata, Spiroplasma kunkellii, Puccinia sorghi e Helminthosporium spp.
- A mistura intra-específica de DAS 3385, milho crioulo Manabi e milho crioulo Palenque reduz o ataque da traça-das-crucíferas (Spodoptera frugiperda).
- A aplicação de diferentes misturas intra-específicas utilizando vários genótipos de milho permite obter rendimentos elevados em kg ha^{-1}.

VII.RECOMENDAÇÕES

- Realizar uma análise genética mais aprofundada, utilizando marcadores moleculares para identificar e selecionar os melhores genótipos de milho com maior precisão, a fim de garantir uma produção de milho mais eficaz.
- Utilizar o material recolhido nesta investigação para desenvolver programas de melhoramento de genótipos para utilização futura e para obter informações mais pormenorizadas em benefício do produtor/agricultor.
- Recomenda-se a utilização da mistura Das 3385, milho crioulo Manabi e milho crioulo Palenque como alternativa ao ataque de doenças foliares. C. lunata, S. kunkellii, P. sorghi e Helminthosporium spp, e a traça-do-tomateiro Spodoptera frugiperda.

VIII. REFERÊNCIAS BIBLIOGRÁFICAS

Aguirre, A., Bellon, M., e Smale, M. (2019). Uma análise regional da diversidade biológica do milho no sudeste de Guanajuato, México. CIMMYT Economics Working, 89.

Allen, T. (2016). Herbário Virtual e Fitopatologia do Milho: Doenças e Pragas do Milho, Retrieved from https://herbariofitopatologia.agro.uba.ar/?page_id=162

Alavanja, M. (2019). Uso de pesticidas e exposição extensa em todo o mundo. Rev. Saúde Ambiental, 29(4), 303- 309.

Arévalo, P., e Mejía, I. (2018). Gestão do verme do broto. Obtido de www.soccolhort.com/revista/pdf/vol1/art9

Arregui, M., e Puricelli, E. (2018). Mecanismos de ação dos pesticidas. Dow Agrosciences.

Bernardino, H. U., Torres, H., Sánchez, G., Reyes, L., e Zapién, A. (2019). Uso de pesticidas no cultivo de milho em áreas rurais do estado de Oaxaca, México. Rev. saúde ambiental, 19(1), 23-31.

Pincel, B. (. -1. (2018). Diversidade genética e conservação em sistemas agrícolas tradicionais. Journal of Ethnobiology 6, 153-165.

Caballero, P., Murillo, R., Muñoz, D., e Williams, T. (2019). Spodoptera frugiperda (Lepidoptera: Noctuidae) nucleopoliedrovírus como biopesticida. Revista Colombiana de Entomología, 2(35), 105-115.

Caicedo, M. (2017). Situação atual da cultura do milho no Equador. Lima, Peru: INIEA.

CIMMYT. (2019). Indústrias de sementes de milho, revisitadas: Papéis emergentes dos sectores público e privado. México: CIMMYT.

Corra, L. (2019). Ferramentas de treinamento para o manuseio responsável de pesticidas e seus recipientes: efeitos na saúde e prevenção de exposição. Buenos Aires: Organização Pan-Americana da Saúde - OPAS.

Devine, G., Eza, E., Ogusuky, E., e Furlong, M. (2018). Uso de inseticidas: contexto e consequências ecológicas. Rev. Peru Med Exp Saúde Pública, 2(1), 74-100.

Duke, S. O. (2016). Culturas resistentes a herbicidas: Aspectos agrícolas, ambientais, económicos, regulamentares e técnicos. Boca Raton, Florida: CRC Press, Lewis Publ.

Gómez, G., e Minelli, M. (2017). La producción de semillas: Texto básico para el desarrollo del curso de Producción de semillas en la Universidad de Nicaragua. Manágua, Nicarágua: Instituto Superior de Ciências Agropecuárias, Escuela de Producción Vegetal.

González, B. (2016). A Revolução Verde no México. Revista Agraria, 40-68.

Goodman, G., e Rawling, J. O. (2018). Caracteres apropriados para classificação racial em milho. Botanical Economics, Vol. 47, 44- 59.

Guerrero, A., J. Florián, M., e Florián, J. (2017). Uso de fertilizantes e pesticidas no distrito de Poroto, Trujillo-La Libertad. Sciendo, 91-102.

Kundu, S. R., Ved Prakash, H., Gupta, H. P., e Ladha, J. (2017). Tendência de rendimento a longo prazo e sustentabilidade do sistema de trigo-soja de sequeiro através da aplicação de estrume de quinta num solo arenoso dos Himalaias indianos. Biologia e Fertilidade dos Solos, 271-280.

Louette, D., e Smale, M. (2016). Diversidade genética e gestão de sementes de milho numa comunidade tradicional mexicana: Implicações para a conservação in situ do milho. México: NGR.

Maffei, J., e Bueno, L. (2018). Solos e fertilização. Olivicultura em Mendoza. Raigambre de una actividad que se renueva. Buenos Aires: Ed. Fundação Pedro Marzano.

Maya, N. (2016). Avaliação de sete genótipos de milho (Zea mays L.) em quatro locais na Nicarágua. Trabalho de pós-graduação. Manágua, Nicarágua: Universidad Nacional Agraria.

Naranjo, A. (2017). Desfocando o modelo agrário. O caso do milho. México.

Navarrete, C. L. (2017). Efeito do manejo cultural de um sistema de mistura intraespecífica de musáceas na incidência e severidade dos principais problemas fitossanitários (Tese de Bacharelado, Quevedo-UTEQ). Quevedo: Universidade Técnica Estadual de Quevedo.

Ortega, R. (2017). O milho como cultura II. Diversidade do milho no México.

Cidade do México: Direção Geral de Culturas Populares e Indígenas.
PAN Internacional. (2016). Manual de Consulta. Rede Internacional de Ação contra os Pesticidas. Califórnia, EUA.

Rede de Ação sobre Pesticidas (2018). Lista de Pesticidas Altamente Perigosos.

PAN Internacional.
Pirkle, J. L., Sampson, E. J., Needham, L. L., Patterson, D. G., e Ashley, D. L. (2016). Utilizar a monitorização biológica para avaliar a exposição humana a substâncias tóxicas prioritárias. Environ Health Perspect, 45-48.

Poehlman, J., e Sleper, D. (2015). Melhoramento genético das culturas.

México: Limusa.
Quintana, W. (2019). Diversidade genética do milho para fins de biossegurança.

Portoviejo: Universidad Técnica de Manabí.
Ramírez, J., e Lacasaña, M. (2018). Pesticidas: classificação, uso, toxicologia e medição da exposição. Arch. Prevención Riesgos Laborales. Barcelona. Espanha. 4 (2): 67-75. Revista Agroecológica, 4(2), 67-75.

RAP-AL (2017, 23 de setembro). O que são agrotóxicos. Recuperado de http://www.rap-al.org/index.php?seccion=4&f=plaguicidas.php

Rendón, B. A., e Aragón, M. (2017). Diversidade do milho na Sierra Sur de Oaxaca, México: conhecimento tradicional e gestão. Polibotánica, 151-74.

Rimache, M. (2018). Cultivo del Maíz. Venezuela: Espasandes.
Romero, Y. (2019, fevereiro). Controlo biológico da lagarta do milho com baculovírus. Recuperado de htpps://www.researchgate.net/publication/32926352

Salazar, N., e Aldana, M. (2018). Herbicida glifosato: usos, toxicidade e regulamentação.

Biotecnologia, 13(2), 8-23.
Sánchez, J. J., e Ruiz, C. (2016). Fluxo genético entre o milho crioulo, o milho melhorado e o teocintle: implicações para o milho transgénico. México: Trillas.

Tielemans, E., Van Kooij, E., Velde, B. A., & Heederik, D. (2017). Exposição a pesticidas e diminuição das taxas de fertilização in vitro. The Lancet, 484-485.

Timoty, D., Hathenway, W., Grant, U., Torregroza, M., Sarria, D., e Vela, D. (2016). Raças de milho do Equador. Boletim Técnico No. 12. Colômbia: ICA.

Villamil, E., Bovi, G., e Nassetta, M. (2017). Situação atual da contaminação por pesticidas na Argentina. Rev. Int. Contam. Amb., 19(1), 25-43.

Yánez, C., Zambrano, J., e Caicedo, M. (2018). Guia de Produção de Milho para pequeno . Quito, Equador: INIAP.

Yanggen, D., Crissman, C., e Espinosa, P. (2019). Pesticidas, Impactos na produção, saúde e meio ambiente em Carchi, Equador. Carchi, Equador: Universidad Técnica Particular de Loja.

ÍNDICE DE CONTEÚDOS

MIX
Papier aus verantwortungsvollen Quellen
Paper from responsible sources
FSC® C105338

Printed by Books on Demand GmbH, Norderstedt / Germany